KB058595

백범의 길

일러두기

- 역사 전문가들이 쓴 이 책의 내용 중에는 백범김구선생기념사업협회의 공식 입장과 다른 것이 있을
  수 있습니다.
- 인명과 지명 등의 외래어는 최대한 외래어표기법에 맞추어 표기했습니다.
- 인용구·인용문의 경우 원문을 살려 실었습니다.
- 단행본, 신문, 잡지는 『 』, 시와 기사, 논문, 그림은 「 」, 단체 이름과 비명은 ' '로 표시했습니다.

백범의 길

임시정부의 중국 노정을 밟다 下

집필 / 김주용 리셴즈 심지연 은정태 이신철 푸더민

기획 / (사)백범김구선생기념사업협회

arte

그 멀고 험난한 가시밭길을 따라

나라 잃은 백성에게 망명지 중국 땅은 멀고도 험했다. 대한민국임시정부와 백범 김구, 독립운동가, 그 가족들은 27년간 상하이에서 충칭까지 여러 도시를 거치며 5000킬로미터가 넘는 고난과 시련의 길을 이어 갔다. 수많은 목숨과 피와 눈물을 그 길 위에 뿌려야 했다. 초대 의정원장 이동녕, 김구의 어머니, 큰아들도 그 길에서 잃었다. 그러나 단 한 순간도 조국 광복과 독립을 향한 열정이 식은 적은 없었다. 당시 중국정부의 지원과 해내외 동포들의 성금도 한몫을 했다. 갈등과 분열도 있었지만 임시정부는 상존했고 그 구심점은 김구였다.

우리는 그 파란만장의 노정을 밟고 따르기 위해 중국으로 갔다. 표지판도 기념석도 없는 곳이 많았지만 어딘가에 남아 있을 백범과 임시정부 애국지사들의 발길과 흔적을 찾고 더듬었다. 그날의 현장을 직접 답사해 무엇이 어떤 모습으로 남아 있고 변했으며 또 사라졌는지를 확인했다. 『백범일지』를 비롯한 수많은 자료와 회고록을 바탕으로 현장을 비교 조사하고, 여러 전문가·관계자·현지인을 만나 증언을 듣고 인터뷰를 했다. 잘못 알려진 것은 바로잡고, 잘 알려지지 않았거나 묻혔던 것은 들춰내고, 새로운 것은 보탰다. 윤봉길 의거 이후 긴박했던 김구의 상하이 탈출 루트 등 처음 소개하는 장소와 인물 그리고 일화들도 적지 않다. 고난도 퍼즐 게임이라도 하듯 한 조각 한 조각 힘들게 맞춰 나갔지만 아직도 찾지 못하고 풀지 못한 자락들이 많다. 우리가 얼마나 힘든 시대를 살았는가 하는 반증이기도 하다. 더 망실하기 전에 100년 안팎의 한국사인데 복원을 서둘러야겠다.

백범 김구와 임시정부 독립운동가들은 처음부터 끝까지 혹독한 가시밭길을 걸어갔다. 그러나 최종 목적지만큼은 명확했다. 첫째도 둘째도 셋째도 대한민국의 독립이었다.

거액의 현상금이 붙은 몸으로 임시정부와 동지들의 안전을 살피고, 광복군 창설과 통합 정부를 위해 동분서주했던 김구와 독립을 꿈꾸며 이름 없이 스러져 간 선열들의 행적을 좇았다. 일본군의 공습과 폭격으로 천신만고의 피란길을 헤쳐 나간 임시정부 대가족들의 행로를 찾아내어 그대로 체험코자 했다.

기획에서 출간까지 꼬박 2년이 걸린 이 프로젝트는 한중 합작으로 이루어졌다. 한국과 중국의 학자와 전문가 11명이 권역별로 팀을 꾸려 답사를 하고, 생생한 현장 사진을 찍었다. 결과물을 서로 공유하며 크로스 체크해 정확성과 완성도를 높였지만 완벽하지는 않다. 부족한 부분이 많다. 그러나 3·1운동과 대한민국임시정부 탄생 100주년, 백범 서거 70주기를 맞아 준비된 여러 기획물 중 이만한 저작물이 드물 거라고 자부해 본다.

어려운 가운데 면밀한 현장 취재로 당시 상황을 재현하려 최선의 노력을 쏟은 집필자들, 출판사 편집진과 우리 협회 지원 팀의 수고에 진심으로 감사드린다. 지난해의 국내 편과 이번 중국 편에 이어 이 시리즈의 완결 편인 3탄 북한 답사기를 김구 선생 영전에 바칠 날이 오기를 소망한다.

백범김구선생기념사업협회 회장 김 형 오

구이핑·류저우

충칭·시안

임시정부와 대가족, 김구의 노정

━━━ 김구의 이동 경로
━━━ 임시정부와 대가족의 이동 경로
----- 시안 광복군 총사령부 방문 비행 경로

안둥

베이징

산둥성

시안

산시성

허난성

장쑤성

쓰촨성

후베이성

안후이성

전장

난징

상하이

충칭

치장

쭌이

창더

창사

한커우

자싱

항저우

하이옌

적장성

구이양

구이저우성

두산

후난성

장시성

푸젠성

이산

류저우

스룽

구이핑

우저우

싼수이

가오야오

포산

광저우

홍콩

광둥성

타이완성

광시 좡족
자치구

하이난성

우한·창사

우한 국민정부청사

전쟁의 시작

김주용

1937년 7월 7일 중일전쟁이 발발하면서 난징이 시시각각 위험에 처하자 중국 국민정부는 충칭을 임시 수도로 정하고 각 기관을 옮기기 시작하였다. 대한민국임시정부도 빠르게 움직였다. 김구는 난징 생활을 정리하고 물가가 비싸지 않은 후난성 창사長沙로 이주하기로 결정하고 임시정부 요원들에게 소집령을 내렸다. 창사로 가기 위해 먼저 후베이성 우한武漢으로 향했다. 김구는 자신의 어머니인 곽낙원과 둘째 아들 신을 데리고 안공근 가솔들과 함께 한커우漢口에 도착한 후 다시 최종 목적지인 창사로 향했다.

우한은 약칭으로 '한漢'이며, 별칭으로 '장청江城'이라 불린다.

후베이성 성도이며, 중부 6개 성도 가운데 가장 크다. 1911년 신해혁명의 시작이 바로 이곳 우창武昌 봉기에서 태동되었으니 우한은 중국 민주혁명의 발상지라고 할 만하다. 김구가 잠시 들렀던 한커우, 한양漢陽, 우창武昌을 합하여 오늘날에는 '우한'으로 부른다. 1927년 1월 국민당 중앙임시연석회의에서 국민정부는 한커우에서 사무를 시작하였으며, '우한'으로 칭했던 것도 이 시기이다. 우한은 중화민국의 임시 수도이자, 황푸군관학교 우한분교가 왕성하게 활동을 전개한 곳이기도 하다. 중국인들에게 우한은 충칭, 난징과 함께 '삼대 화로'라는 별칭으로 불릴 만큼 찌는 더위로 알려진 곳이다.

우한 국민정부청사

2018년 7월 19일, 대한민국의 여름은 그 열기를 알 수 없을 만큼 뜨거웠다. 전국이 마치 '화로'처럼 활활 타오르는 것 같았다. 아침 일찍 집을 나섰다. 인천공항으로 가는 버스 안에서 이번 답사의 의미를 되새겼다. 2019년은 3·1운동 100주년이자 대한민국임시정부 수립 100년이 되는 해이다. 정부는 물론 민간단체 및 언론도 1919년을 기억하고 기념하고자 여러 사업이나 행사를 위해 분주히 뛰고 있다. 필자는 백범김구선생기념사업협회에서 야심차게 준비한 '백범의 길'을 걷기 위해 마음을 다잡고 인천공항에서 중국 후베이성 우한행 비행기에 몸을 맡겼다. 세 시간 남짓 비행을 마친 비행기가 우한 공항에 무사히 안착했다.

　공항에서 바로 우한 국민정부청사로 이동했다. 차는 옌장沿江대로를 따라 북쪽으로 달렸다. 장안江岸구 중산中山대로에 차가 들어서자 마치 1920~1930년대 공간에 온 듯한 착각이 들 정도였다. 중산대로를 가로질러 남과 북으로 영국·프랑스·독일 등의 조계지 건물들이 지금도 옛 모습을 간직한 채 도열해 있다. 일방통행이며, 버스와 택시의 통행만이 허락되는 중산대로에 우한 국민정부청사가 위치해 있다. 거리는 비교적 깨끗하고 한산했다. '훙'씨 성을 가진 중국인 경비가 너무 날이 더워 찾는 이가 많지 않으나 봄과 가을에는 하루에 수백 명의 관람객들이 이곳을 찾는다고 말한다. 정확한 주소는 장한江漢구 중산中山대도 708호이다. 1917년 시공되어 1921년 완공된 이 6층 건물은

우한 국민정부청사

1996년 전국문물중점단위로 지정되었다. 지금은 '난양다러우南洋大樓'
로 불리는 건물이다.

1926년 국민혁명군정부는 광저우廣州에서 이곳으로 근거지를 옮겼
다. 북벌과 함께 단행된 조처였다. 북벌에는 한인들의 역할도 있었다.
1926년 우창을 공격한 국민혁명군 제4군에는 헤이그 특사였던 이준
열사의 아들 이용도 참가하였다. 제6군에는 한인 간부 포병영 영장 이
검운李檢云, 부영장 권준權畯, 부관에 안동만安東滿이 대표적인 참가 인물
로 이름을 올렸다. 이들은 황푸군관학교 졸업생으로서 북벌이 시작되
면서 장교로 참전하였던 것이다. 이 가운데 권준은 의열단 단원으로서
국공합작 초기부터 중국혁명에 참가한 인물이었다.

국민정부는 1927년 3월 10일부터 17일까지 이곳에서 국민당 제2
기 3차 전체 회의를 개최하였다. 대회에서는 반제·반봉건 투쟁을 지
속적으로 전개하자고 결의하였다. 국공합작과 북벌의 상징이었던 국
민정부청사는 제대로 대접을 받지 못하는 사적지의 전형을 보여 주는
것 같다. 건물 외형의 웅장함과는 달리 내부 전시실은 호텔이 주인이
고 국민정부 시절의 역사가 손님처럼 되어 있다. 3층에는 전시관이 있
다. 정확한 명칭은 '우한국민정부구지기념관'이다. 『백범일지』에 "당시
한커우에서 중일전쟁을 주관하던 장제스 장군은 하루에도 여러 차례
전문을 보냈으며"라고 했는데 김구가 창사에서 총격으로 샹야湘雅의원
에 입원해 있을 때의 일이니 1938년 6월경에도 국민정부가 다시 잠시
나마 우한에 머물렀던 것이다. 사실 국민정부는 1937년 7월 7일 중일
전쟁이 발발하면서 난징을 포기하고 우한에서 항전을 결의하였다. 조

선의용대가 1938년 10월 10일 우한에서 성립된 것도 국민정부의 인력과 예산을 지원받기 위해서였다. 서글프지만 냉혹한 현실이었다.

조선의용대와 한커우기독교청년회관

중국과 일본의 전면전이 시작되자 독립운동가들은 이때를 한국이 독립할 수 있는 절호의 기회로 인식하였다. 그 당시까지 독자적으로 활동하고 있던 각 단체들 사이에 연합전선 문제가 대두되었다. 결국에는 민족주의 진영의 한국광복운동단체연합회와 사회주의 성향의 조선민족전선연맹이 형성되었다. 그중 한커우에서 결성된 조선민족전선은 무장 부대 조직과 대일 항전 참여를 목표로 하였다. 조선민족전선은 1938년 7월 중앙군관학교 싱쯔星子분교 졸업생들이 민족전선 본부가 있는 한커우로 합류해 오면서 본격적으로 무장 부대 조직에 착수하여 1938년 7월 7일 중국군사위원회에 조선의용군 조직을 정식으로 건의하였다. 이 제안은 장제스蔣介石의 재가를 거쳐 모든 항일 세력의 연합을 전제로 하고, 규모상의 문제로 무장 부대를 '군軍'보다는 '대隊'로 할 것과 조직될 무장 부대를 군사위원회 정치부 관할에 둔다는 조건으로 승인되었다. 1938년 10월 2일 한국 및 중국 양측 대표들은 회의를 개최하여 조선의용대 지도위원회를 조직하였다. 이 지도위원회는 군의 명칭·조직 인선·편제·활동 경비 등을 결정했으며, 건립 후에는 의용대를 지도하는 기구로 작용했다. 지도위원회 위원으로는 중국군사위원회 정치부 측 인원 4명과 조선민족전선 산하단체의 대표 김원봉·김성숙·김학무·유자명 등 4명이 선정되었다. 이러한 결과 조선민족전선은 그해 10월 10일 한커우기독교청년회관에서 일본군에 맞서 싸울 군사 조직으로 조선의용대를 조직하였다. 조선의용대는 1942년 한국광복군에 편입될 때까지 중국군 '6개 전구 남북 13개 성 전지'에 배속되어, 주로 일본군 포로 심문이나 대일본군 반전 선전, 대중국민 항전 선전 활동을 전개하였다. 조선의용대의 발대식은 1938년 10월 10일 중화민국 쌍십절에 거행되었다.

발대식 당시 관련 자료는 서류로 전해진 것이 없다. 다만 발대식에서 찍은 기념사진에는 'ㅈㅗㅅㅓㄴㅇ—ㅣㅇㅛㅇㄷㅐ'라는 한글 자모와 'KOREAN VOLUNTEERS(조선의용대)'라고 영문으로 쓰인 대기隊旗, 그 뒤로 대장 김원봉의 모습이 보인다. 사진 속 인물은 90명으로, 군복을 입은 대원이 74명이고, 양복 또는 중산복을 입은 자가 14명이다. 긴 치마를 입은 여성 2명도 눈에 띈다. 대원이었던 김학철의 회고에 의하면, 이 사진은 4분의 1 정도가 잘려 나간 까닭에 대원 30여 명의 모습이 누락되었다고 한다. 대장 김원봉을 중심으로 맨 앞줄 왼쪽에 이집중·윤세주·김성숙·최창익 등 10명이 나란히 섰다. 발대식에는 조선의용대 결성에 직접 관여한 정치부 부장 천청陳誠과 비서장 허중한賀衷寒은 물론, 특수 공헌을 한 왕펑성王凡生·아오야마 가즈오青山和夫 같은 인물들도 당연히 참석했을 것으로 추정된다. 정치부 부부장 저우언라이周恩來와 정치부 제3청 청장 궈모뤄郭沫若도 발대식에 참석하여 연설했다고 한다. 조선의용대는 중국 국민정부 군사위원회 정치부에 예속되어, 중국 항일전쟁의 수요에 따라 활동하였다. 대원들은 국민혁명군 복장을 하고, 왼쪽 앞가슴에 장방형 휘장을 부착하였다. 휘장 가운데에는 한글·한문·영문으로 '조선의용대', 휘장의 왼쪽에는 이름이, 오른쪽에는 직함이 새겨져 있었다.

조선의용대가 결성된 지 3일 후인 10월 13일 저녁, 한커우기독교청년회 강당에서 조선의용대 결성을 경축하기 위한 오락대회가 개최되었다. 700여 명의 관중이 참석한 가운데, '민족해방가', '자유의 빛', '아리랑'을 비롯한 노래와 「쇠」, 「두만강변」 등의 연극이 공연되었다. 1912년에 결성된 한커우기독교청년회(한커우YMCA)는 1920년대 한커우의 싼자오가三敎街에 있었다. 후베이성 당안관의 『우한시 교회 개

조선의용대 창설 기념(1938. 10. 10.)

황』에 따르면 한커우에 위치한 기독교청년회 중남청년회가 리황피^黎黃陂로에 있었다고 기재되어 있다. 1938년 우한시 지도와 우한기독교청년회에서 편찬한『1911-2011 YMCA 우한기독교청년회 역사 회고』를 보면 1938년 한커우기독교청년회의 위치는 지금의 리황피로와 중산대로 1090호가 교차하는 백화점 건물 자리임을 알 수 있다. 이 백화점 건물이 당시 조선의용대 창설 선전을 위해 경축 행사를 개최한 장소임을 입증해 준다. 1938년 10월 14일『신화일보』에 조선의용대 창설 소식, 김원봉의 연설, 경축 행사에서 연출한 내용이 자세히 보도되었다. 조선의용대가 한커우의 YMCA에서 창립식을 가졌다고 해서 현재 한커우 리황피로 10호에 자리를 잡은 YMCA와 관계가 있는 것은 아니다. 현재 기독교청년회 건물은 본래 미국해군청년회가 있던 자리인데, 한커우기독교청년회가 1945년 이후에 그 자리로 옮긴 것이다.

리황피로를 찾았을 때는 오후로 막 접어들 때였다. 날은 뜨거웠다. 리황피로는 옛 건물들이 많아 이른바 '거리박물관'으로도 불린다. 조선의용대 결성 경축 장소를 찾았다는 희열도 잠시, 이곳에 조선의용대의 '기록의 역사'가 없음을 확인하고 시무룩해졌다.

제2의 황푸군관학교, 우한분교

김구는 윤봉길 의거 이후 독립운동의 새로운 돌파구를 위해 동분서주 했다. 그 가운데 하나가 시스템이 완비된 군대 양성이었다. 1935년 난징에서 장제스를 만나고 얻은 성과는 황푸군관학교 뤄양분교에 한인반을 꾸려 독립군을 배출하는 것이었다. 여기에 동참한 독립군들은 만주에서 활약한 역전의 노장들이었다. 지청천·이범석·오광선·김창환 등은 뜨거운 가슴을 안고 조국의 독립을 위해 자신을 버리고자 했던 100여 명의 열혈 청년들과, 뤄양분교에서 거친 숨을 몰아쉬며 단기 속성 군사훈련 과정을 마쳤다.

우한에는 한인 청년들을 군사교육으로 단련시킨 곳이 있다. 제2 황푸군관학교로 불린 우한분교이다. 중앙군관학교 우한분교는 '황푸군관학교 우한분교'라고도 한다. 광저우에 있던 황푸군관학교는 국민당 지배 지역이 확대됨에 따라 각지에 분교를 세웠다. 광시성에 난닝南寧분교, 후난성에 창사長沙분교, 후베이성에 우한분교 등을 설치하였다. 우한분교는 1927년 2월 12일 양호서원에 설립되었다. 여기에 특별반이 설치되어 한국 학생들을 받아들였고, 200명 가까운 한국 학생이 군사훈련을 받았다. 이들의 입교 과정은 분명하지 않지만, 일부 학생들의 명단은 정치과와 포병과에서 확인되고 있다. 당시 우한에서는 국민혁명군으로 북벌전에 참가한 한인 장교들이 이들과 함께 '유악한국혁명청년회留鄂韓國革命靑年會'를 조직했는데, '유악'의 '악'은 후베이성을 뜻한다. 그 회원 명단에서 천궁무陳公木 등 우한분교 학생 24명이 밝혀졌다. 졸업 후 국민혁명군 제2 방면군 장파쿠이張發奎 부대에 배치되어 우한 봉기에 참여하였다.

7월 중순의 우한 하늘에 떠 있는 태양은 아스팔트를 녹일 기세로 내

황푸군관학교 우한분교

황푸군관학교 우한분교 전경

리쬐고 있다. 제2 황푸군관학교로 불린 우한분교는 우창武昌구 제팡解放로259에 위치해 있었다. 제대로 찾았다고 안도하니 또 다른 장벽이 기다리고 있다. 입구에 도착하니 지금은 후난성 우한실험소학교가 터를 잡고 있다. 경비원에게 이곳에서도 해방 전 한인 청년들이 군사훈련을 받아서 이를 확인하려고 한국에서 왔다고 하니 의아해하면서도 1시간 정도만 촬영하고 오라며 자동문을 열어 주었다.

옛 군관학교로 들어서자 붉은색 기둥의 건물들이 낯선 이의 방문을 묵인한다. 애국교육기지라는 큰 간판과 함께 카리스마 넘치는 수목들은 그늘을 제공하면서 낯선 이방인을 맞아 주었다. 입간판 설명문을 자세히 보니 2005년 복원 공사를 시작하여 2007년에 개관하였다고 한다. 특히 2013년 전국중점문물단위로 지정되었다. 실험소학교 내에 있어서인지 간이 농구경기장도 있었다. 아이들은 보이지 않았지만 제법 정돈이 잘된 문화재였다. 이곳에도 한국의 청년들이 조국의 광복을 위해 자신들을 단련시켰다는 사실을 알릴 수 있게 조그만 표지판이라도 있었으면 하는 바람을 간직하며 발길을 돌렸다.

황허러우, 천년을 머금은 고루

김구의 어머니와 아들은 영국 배를 타고 한커우로 떠났다. 100여 명의 대한민국임시정부 가족들도 창사로 가기 위해 먼저 한커우 부두에 도착하였다. 그곳에서 잠시 쉰 다음 다시 창사로 길을 재촉하였다. 대한민국임시정부의 이동은 말 그대로 고난의 길이었다. 필자는 양쯔강과 한커우 부두가 잘 보이는 황허러우黃鶴樓로 발길을 돌렸다.

황허러우는 양쯔강변에 위치해 있으며, 국가 5A급 관광지로 '천하 강산 1층'과 '천하 절경'이라는 별명이 붙었다. 황허러우는 우한시를 대표하는 곳으로 꼽힌다. 삼국시대에 세워졌으며 당나라 시인 최호崔顥가 황허러우에 대한 절경을 시로 남겼다. 중국의 유명한 시인 이백李白이 황허러우에 와서 그 아름다움에 취해 글씨 '장관'을 남겼는데, '장' 자 옆에 점이 있는 이유가 '장관'으로도 다 표현할 수 없기에 점을 붙였다고 한다. 그가 황허러우를 보면서 시를 지으려 했지만 최호라는 시인이 지은 시가 너무 뛰어나 그만 붓을 놓고 갔다고 한다. 찌는 더위에도 많은 사람들이 황허러우의 절경을 만끽하기 위해 연신 가파른 계단을 오르내리고 있다. 황허러우에서 바라본 양쯔강은 지금도 80년 전과 같이 유유히 흐르고 있다.

———

황허러우

창사 백범김구
활동기념관

김주용

중일전쟁은 대한민국임시정부에는 한중 공동항일투쟁의 서막
이었다. 일본군의 예기치 않은 빠른 진격으로 국민당 정부가
있던 난징은 더 이상 안전하지 않았다. 임시정부는 황급히 후
난성 창사로 이전하였다. 중국인들에게 후난성 창사는 신중국
을 건설한 마오쩌둥의 고향으로 잘 알려져 있다. 후난성의 수
부인 창사는 인구 약 800만 명의 대도시로서 둥팅후洞庭湖의 남
쪽에 자리하고 있으며 역사적으로 오래된 도시이다. 이미 진나
라 때 창사군이 설치되었으며, 서한 시기에는 창사국의 도성이
었다. 창사를 관통하는 강은 샹湘강이다. 그래서 중국인들은 후
난 요리를 '샹차이湘菜'라고 부르며, 후난성 자동차 번호판의 맨

앞자리도 '샹淛'으로 시작한다. 그렇다면 한국인들에게 창사는 과연 어떤 곳인가. 오늘날에 많은 이들은 유명한 관광지인 장자제張家界를 가기 위해 잠시 머무는 곳으로 알려져 있다.

우한에서 창사로

중국 항일 시기 조계지에 위치한 호텔을 아침 7시 10분에 출발한 필자는 새삼 우한이라는 곳이 왜 중국의 3대 화로인지를 온몸으로 느낄 수 있었다. 기온이 어느새 30도를 넘어섰다. 차를 재촉해서 우한역에 도착해 바로 수속을 마쳤다. 중국의 고속철도역은 대부분 새로 건설하였기 때문에 그 크기 면에서는 한국의 철도역을 압도한다. 우한역을 출발한 기차는 빠르게 창사를 향해 달려간다. 총 8량으로 구성된 기차는 종착역 광저우까지 3시간 반에 주파한다고 한다. 기차가 출발하자마자 다음 역이 창사난長沙南역이라는 안내방송이 나온다. 세월의 빠름과 같은 속도로 기차는 주변의 환경을 물리치고 달린다.

1937년 11월, 김구는 난징에서 영국 윤선을 타고 한커우(우한)에 도착하였다. 김구가 임시정부의 안착지를 마련하기 위해 우한에서 창사로 갈 때의 교통수단과 비교하면 말 그대로 상전벽해桑田碧海다. 창사난역에 도착했다. 우한에서 300여 킬로미터 떨어진 창사에 오는 데 1시간 20분 정도 소요되었다. 중국 고속열차의 장점은 한국 고속열차와 비교했을 때 좌석과 좌석 사이의 공간이 넓다는 것이다. 조금 시끄

럽기는 해도 1시간 정도의 거리는 견딜 만한 소음이었다. 우한에서 창사까지 가는 데 소요된 시간은 최근 중국이 자랑하는 고속열차의 진가를 알 수 있는 충분한 시간이었다.

창사에 임시정부가 체류한 기간은 대략 1937년 12월에서 1938년 7월까지로 보고 있다. 반면 정정화의 『장강일기』에는 그의 가족이 창사에 합류한 시점을 1938년 2월로 기록하고 있는데, 이는 임시정부 관계자들이 한 번에 전장에서 창사로 이동한 것이 아니라 선발대, 본진, 후발대 등으로 나누어 이동하였음을 알 수 있다.

창사는 아열대기후로 연평균 기온은 17도 정도이다. 대한민국임시정부가 창사에 자리 잡은 것도 이곳의 기온과 물산에 기인한 바가 크다. 창사는 사계절이 뚜렷하다. 여름은 길고 덥고 비가 많이 내리며, 가을은 주로 일조량이 풍부하고 쾌적한 날씨이다. 겨울은 건조하고 짧지만 가끔 영하로 내려갈 때도 있다. 독립운동가 부부 양우조와 최선화가 임시정부가 이동하는 중에 쓴 『제시의 일기』에는 "천차만별인 기후 중에서 그래도 창사는 경치도 좋고 기후도 온난한 곳이다. 중국 정부 각 기관이 충칭으로 옮겨 가자 물가가 싼 창사로 옮겨 오게 된 것인데 곡식도 많고 물가도 싸서 생활하기에는 부족함이 없다"고 했다. 뿐만 아니라 창사는 교통의 요충지로서 우한과 광저우를 잇고 있으며 현재는 철강 등 중공업 도시로서의 면모도 갖추고 있다.

중한호조사, 공동항일투쟁을 도모하다

　『백범일지』에 따르면 임시정부가 창사로 간 것은 곡물 가격이 싸고, 국민당 정부와 연관성이 있기 때문이라고 하고 있는데, 이미 창사는 그 이전부터 한국 독립운동과 인연을 맺고 있었다. 1921년 3월 대한민국임시정부 특파원 황영희黃永熙 등이 후난성『문교신문』관계자 등과 연락하여 창사 중한호조사中韓互助社를 창사시 소오문정가 소학교 내에 설립하였다는 것이다. 이처럼 중한호조사는 한중 양국 독립운동가들의 친목 장소로서 기능뿐만 아니라 독립운동에 대한 중국인들의 적극적인 지지를 끌어내는 데 중요한 역할을 담당하였다. 이후 10여 년이 지난 1937년, 대한민국임시정부가 창사로 청사를 이전한

창사 중한호조사 결성지, 환산쉐서

것은 결코 우연이 아니었다.

『독립신문』 1921년 3월 26일 자에는 대한민국임시정부 외교부로부터 한국 독립운동의 선전 임무를 담당하고 있던 황영희가 창사시 관민들과 함께 중한호조사를 만들었다는 사실이 크게 보도되었다. 뿐만 아니라『신한민보』 1921년 5월 19일 자 기사에도 창사시에 중한호조사가 조직되었다는 소식이 크게 실렸다. 창사 중한호조사는 '호조사' 중에서도 마오쩌둥毛澤東이 참여해 발족한 곳으로 중한호조사 중 가장 일찍 설립되어 다른 호조사의 모범이 되었다. 1921년 3월 14일에 설립되었으며, 설립 대회에서 명칭·취지·입사조건·조직구도·경비 출처 등의 내용을 포함한 '호조사 약칙'을 통과시켰다. "중한 양국 국민 간의 감정을 깊이 하고 양국 국민의 사업을 발전"한다는 취지 아래 "중한 양국 국민으로서 남녀·종교를 막론하고 본사의 취지에 동의하며, 2명 이상의 회원들의 소개가 있으면 바로 가입할 수 있다"고 규정하였다. 창사 중한호조사의 활동은 양국 국민의 상호 이해를 증진시키고 서로 단결하여 제국주의, 특히 일본제국주의에 대해 투쟁하는 업무를 전개하는 데 일정한 사회적 토대와 사상적 토대가 되었다.

그러나 중한호조사는 계획대로 목표를 달성하지는 못했다. 그 원인은 한국의 목적이 반일 독립운동에 있었기 때문이었다. 즉, 당시 우리 측 목적은 후난성에서 망국의 아픔을 강연하고 반일주의를 선전하며 반일 선전 내용을 게재한 신문이나 잡지를 배포하는 것이었다. 종합적으로 볼 때 한국 독립운동에 대한 중국인들의 지지와 지원을 얻어 함께 일본에 대항하기 위함이었다. 그러나 당시 중국 측 인사들은 사상

운동에 더욱 비중을 두고 있었다. 이들은 새로운 사상의 전파를 통해 민중을 일으키는 것을 중시하였다. 한국 독립운동의 정신을 배우는 동시에 한국 지사들의 항일투쟁에 동정과 지지를 표했던 것이다. 이렇듯 양국 지도자들의 행동과 사상에는 일정한 차이가 있었으나, 교류를 지속하고 우호 관계를 유지하면서 양국의 입장은 점차 적극적인 항일로 일치하게 되었다. 이로써 중국 국민정부에서 한국 독립운동을 인적·물적으로 지원하는 발판을 마련할 수 있었다.

뿌연 창사 날씨 속에서 우리 일행은 중한호조사가 결성된 촨산쉐서船山學社를 방문했다. 19세기 말에 만들어진 촨산쉐서는 1928년 8월 마오쩌둥 등이 후난쯔슈湖南自修대학을 창립하면서 역사 속으로 사라졌다. 쯔슈대학 옛터, 창사시문물고고연구소 정문을 지나 촨산쉐서로 향했다. 경비원이 빼꼼히 밖을 본다. 낯선 이를 경계하는 것은 경비원의 임무지만 중국에서는 '경계의 도'가 지나쳐 '배척'의 수준에 이른 경우도 종종 있다. 다행히 이 경비원은 방명록에 서명을 하게 하고 입장을 허락했다. 규모가 크지 않아 30분 정도 돌아보니 충분했다.

내부에는 창사 중한호조사의 옛터라는 사실을 알리는 동판이나 표지석을 전혀 찾아볼 수 없다. 이곳이 학교 건물의 일부였다는 것 외에는 중한호조사와 관련해서 달리 알 수 있는 것은 없었다. 아쉬움을 뒤로하고 다음 목적지인 임시정부 요인들과 임시정부청사가 있었다고 하는 시위안베이西園北리로 이동했다.

임시정부청사와 요인들의 거주지, 시위안베이리

창사에 자리를 잡은 임시정부는 먼저 선전 공작과 함께 각 당의 통합 문제에 심혈을 기울였다. 즉 지청천·유동열·최동오 등이 간부로 있는 조선혁명당, 조소앙과 홍진 등이 간부로 있는 한국독립당, 김구와 이동녕·이시영이 간부로 있는 한국국민당이 통일하는 문제가 대두되었다. 이에 따라 3당 통일 문제가 진전되었으며, 1938년 5월 난무팅楠木廳에서 김구·지청천·현익철·유동열 등이 회합하였다. 이처럼 임시정부는 이동 시기에도 독립운동 세력의 통일을 위해 진력하였던 것이다.

김구는 『백범일지』에서 임시정부가 창사로 옮기게 된 이유와 당시 생활을 다음과 같이 설명했다.

> 100여 명의 남녀노유와 청년을 이끌고 사람과 땅이 생소한 호남성 장사에 간 이유는, 단지 다수 식구를 가진 처지에 이곳이 곡식 값이 극히 싼 곳인 데다, 장래 홍콩을 통하여 해외와 통신을 계속할 계획 때문이었다. 장사에 선발대를 보내 놓고 안심하지 못하였으나 뒤미처 장사에 도착하자 천우신조로 이전부터 친한 장치중張治中 장군이 호남성 주석으로 취임하여, 만사가 순탄하였고 신변도 잘 보호받았다. 우리의 선전 등 공작도 유력하게 진전되었고, 경제 방면으로는 이미 남경에서부터 중국 중앙에서 주는 매월 다소의 보조와 그 외 미국 한인 교포의 원조도 있었다. 또한 물가가 싼 탓으로 다수 식구의 생활이 고등

난민의 자격을 보유케 되었다. 내가 본국을 떠나 상해에 도착한 후 우리 사람을 만나 초면에 인사할 때 외에는 본성명을 내놓고 인사를 못하고 매번 변성명 생활을 계속하였으나, 장사에 도착한 후로는 기탄없이 김구로 행세하였다.

임시정부청사가 자리 잡았던 창사시 카이푸開福구 시위안베이리로 향했다. 사실 창사에서 활동했던 임시정부 사적지는 거의 모두 카이푸구에 위치해 있다. 카이푸구는 당시 창사시의 중심이었고 지금도 마찬가지이다. 시간은 벌써 11시를 넘고 있었다. 햇빛이 가장 강렬하게 타오를 준비를 하는 시간이지만 이미 더위는 답사자를 땀으로 샤워시키

시위안베이리 골목길

기에 충분했다. 3년 전 시위안베이리를 찾았을 때 보았던 골목길 초입이 잘 단장되어 있었다.

2002년 독립기념관 답사단이 조사할 당시 시위안베이리 6호라고 비정했던 임시정부청사는 현재로서는 정확한 대한민국임시정부청사라고 할 수 없다. 문헌 자료나 회고록 등에도 보이지 않고 현지 주민들도 이를 기억하는 사람이 거의 없다. 다만 광복군 신순호의 증언에 따르면 당시 건물은 여러 가족들이 거주할 만큼 규모가 컸으며, 8호 2층을 임시정부청사로 사용했고, 16호는 청년공작대 사무실로 사용했다고 하였다. 하지만 현지 전문가들은 신순호의 증언에 의문을 제시하였으며, 아직까지 이렇다 할 만한 진전을 보지 못하고 있다. 그러다 보니 기념판 또는 동판 부착은 엄두도 못 내고 있는 실정이다.

시위안베이리라는 거리 이정표를 보면서 골목 안으로 들어갔다. 왼쪽에는 2017년 12월에 개관한 시위안역사진열관이 이방인을 반긴다. 진열관 안에는 신해혁명의 주역이었던 황싱黃興과 마오쩌둥에 대한 전시를 제법 그럴듯하게 해 놓았다. 시위안베이리에는 항일 시기 중국의 유명한 항일 투사였던 류사오치劉少奇의 학교 선생님 가옥, 황푸군관학교 창사동학회 건물도 새롭게 단장하였다. 하지만 그 어디에도 대한민국임시정부에 대한 흔적은 찾을 수 없었다. 중국의 입장에서 옛 거리를 복원하여 역사문화거리로 재탄생시켜 창사 지역 사람들에게 홍보하기 위해 열을 올리고 있다는 느낌을 지울 수 없었다.

골목으로 들어가 나이 많은 사람들을 대상으로 임시정부청사의 위치를 탐문했지만 돌아오는 대답은, "예전에 한국인이 있었다는 것만 알고 있다"는 말이었다. 이곳 골목 입구에 동판을 부착하는 것이 좋겠다는 의견만 개진한 채 새롭게 단장하고 있는 시위안베이리를 뒤로하고 난무팅으로 향했다.

저격 사건의 현장, 난무팅

샹장중湘江中로와 푸룽중芙蓉中로가 교차하는 잉판營盤로에 차를 세우고 난무팅으로 향했다. 3년 전에 난무팅에 왔을 때에는 오래된 건물에 작은 가게들이 즐비하였는데 지금은 철거가 한창이다. 조만간 이곳에 현대식 아파트가 들어선다고 한다. 한참을 가니 빛바랜 기둥에 '난무팅 6호(대한민국임시정부 창사 활동구지)' 표지판이 안쓰럽게 붙어 있다. 그 길을 따라 골목길에 들어서니 임시정부 활동지를 알리는 마지막 표지판이 길을 안내했다. 그런데 뜻밖에 난무팅 6호의 문은 굳게 닫혀 있었다. 어쩐 일인가. 난무팅 관계자에게 연락을 취했다. 주변 재개발 사업이 끝나는 대로 문을 연다고 한다. 다행이다.

난무팅은 1938년 초 지청천을 중심으로 한 조선혁명당이 본부로 사용했던 곳이자 임시정부 요인과 그 가족들이 거주했던 장소이다. 2층에는 조경한과 현익철이, 아래층에는 지청천·김학규·강홍대 등이 거주하였다. 1938년 5월 7일 김구가 3당 통합 회의 도중 피격당한 '남목청(난무팅) 사건'으로 유명한 장소이다. 1937년 중일전쟁이 일어나자 독립운동 진영에서는 이를 민족해방과 조국광복의 기회로 판단

창사 난무팅 내부

창사 난무팅

하였다. 이에 우파 계열에서는 독립을 위한 통합과 단결을 위한 협동 전선운동이 일어나 단체의 통합을 이루고자 하였다. 김구가 이끄는 한 국국민당과 조소앙의 재건한국독립당, 지청천의 조선혁명당의 합당 이 그것이다. 이 3당의 합당은 김구의 한국국민당이 중심이 되었다. 당시 민족혁명당을 탈당한 지청천 계열은 조선혁명당을 창당하여 독 자 노선을 모색하고 있었고, 조소앙 등의 재건한독당도 활발한 활동은 전개하지 못하고 있었다. 조선혁명당과 재건한독당은 재정 여건이 열 악하여 김구의 지원이 필요하였고 김구 역시 이들과의 연합을 통해서 독립운동 세력을 응집할 필요가 있었다.

1937년 초 난징에서는 이들 각 당의 대표인 송병조·홍진·지청천 의 회담이 개최되었다. 이들은 공동선언서를 발표하여 임시정부를 옹 호하고 강화하는 데 합의하였다. 이들은 미주 지역의 단체들에게 지원 을 요청하였고 이로써 한국광복운동단체연합회(광복진선)가 결성되 었다. 이러한 연합으로 각 단체의 재편이 논의되었고 마찰이 일어났 다. 조선혁명당의 강창제·박창세·이규환 등은 이러한 논의에서 소외 감을 느꼈던 것이다. 이에 이들은 이운한李雲漢을 이용하여 김구·현익 철·유동열·지청천 등에게 총을 발사하는 이른바 '남목청(난무팅) 사 건'을 일으켰다.

당시 광복진선은 중일전쟁으로 일제가 난징을 점령하자 창사로 이 동을 하게 되었다. 지청천을 중심으로 한 조선혁명당은 창사의 난무팅 을 본부로 정하였고, 여기에서 3당(조선혁명당, 한국국민당, 한국독립당) 을 합당하는 회의를 하고 있었다. 이 회의장에 조선혁명당 간부 출신인 이운한이 난입하여 총을 발사한 것이다. 김구를 시작으로 현익철·유동열·지청천이 각각 피격되었다. 현익철은 이 피격으로 사망하였다. 남목청 사건이 일제가 치밀하게 준비한 백범 김구 암살의 사례였음을 밝힌 연구가 나올 만큼 일제는 김구를 제거하기 위해 '이이제이以夷制夷'라는, 오래되었지만 효과적인 방법을 사용했던 것이다.

사건 발생 한 달 뒤인 1938년 6월 15일 임시정부 국무위원 6인은 남목청 사건에 대해 "범인 이운한이란 자로 말하면 본래 조선혁명당 당원으로서 반동사상을 품고 우리 운동계의 중요인물들을 살해하려는 음모가 있다는 말을 탐문하고 해당該黨에서 궐자厥者를 출당시키고 개신改新하기를 바라던 바 해한該漢은 더욱 험악한 뜻을 품고 마침내 이같은 화변을 일으켰다"고 공식 발표하여 이 사건을 반동사상을 품은 이운한 개인의 행동으로 파악했다.

반면 일제는 "김구파 한국국민당 일파와 지청천파 조선혁명당 내일부 분자와의 사이에 내홍"과 "간부 지위 쟁탈 내지 자금 분배에 기인한 분쟁"으로 일어난 사건이라고 했다. 이처럼 이 사건은 그 배후와 동기가 아직도 정확히 밝혀지지 않고 있다. 그런데 이 사건과 관련하여 다음 두 가지 사실에 주목할 필요가 있다. 하나는 암살 대상자인 김구가 이 사건에 관해 언급한 부분이다. 김구는 『백범일지』에서 남목청 사건의 "일대 의혹은 강창제·박창세 두 사람에게 집중"됐다고 하며 박창세에 대해 두 가지 의문을 제기했다. 첫째는 수십 일 전에 강창제가 자신에게 "상하이에서 박창세가 창사로 올 마음이 있으나 여비가 없어 오지 못한다니 여비를 보조해" 달라고 청해서 "나는 상하이 기관에 위탁하여 처리하겠다"고 했다. 그 이유는 박창세의 맏아들 박제도 朴濟道가 일본총영사관의 정탐이 된 것을 이미 자세히 알고 있었고, 박창세가 그 아들 집에 살고 있는 데 특별히 주목했다는 것이다. 둘째로 김구는 사건 발생 후 "경비사령부 조사로 알 수 있듯이 박창세가 창사에 도착한 직후 상하이에서 박창세에게 200원이 비밀리에 지원"됐다고 했다. 김구는 이 두 가지 사실을 근거로 이운한은 "강·박 양인의 악선전에 이용된 나머지 정치적 감정에 충동되어" 이 사건을 일으킨 것이라고 판단했다. 김구는 이 사건의 배후 인물로 강창제, 박창세를 주목했고, 특히 아들이 일제의 밀정인 박창세를 의심했다.

다른 하나는 일제 경찰이 입수한 정보, 즉 김원봉파 조선민족전선 연맹 간부가 이 사건에 대해 했다는 비평이다. 이에 따르면 "박창세·강창제의 사주에 의해서 이운한이 김구 등을 저격했던 것은 표면 거두의 지위 쟁탈에 기인한 듯이 보이지만 상하이사변 중 박창세가 여러 번 하비로를 태연하게 산보하고 또 자택에서도 잠복하고 있던 점에서 전부터 일본 관헌과의 사이에 거두 김구를 죽인다는 묵계黙契가 있었다. 이 기회에 부하 이운한으로 하여금 결행시킨 것으로 추단된다"고 했다. 일제 경찰은 이 정보를 "편견적 비평"이라고 비판하고 이사건의 배후에 일본 관헌이 있다는 주장을 부정했다. 일제의 이런 주장은 아마 이 사건에 자신들이 고용한 밀정이 관계된 사실을 은폐하기 위한 것으로 보인다.

일본총영사관 경찰부의 밀정이 된 박창세는 김구에 대해 불만을 가진 청년 가운데 조선혁명당에서 출당된 이운한을 김구 암살에 동원했던 것 아닐까? 1932년 4월 29일 윤봉길 의거 이후 임시정부가 상하이를 떠난 뒤 변화된 정세 속에서, 중국 관내의 전선 통일과 독립운동 노선 그리고 열악해진 경제적 사정 등이 겹치면서 김구가 주도하는 관내 민족진영 내부에 갈등이 생겨났다. 일제는 바로 이런 갈등의 한 결과인 반김구 세력인 박창세를 권투 선수인 둘째 아들의 귀국 문제로 회유하여 김구를 암살하려고 했고, 밀정이 된 박창세는 김구에 불만을 가진 이운한을 사주하여 이른바 '남목청 사건'을 일으켰던 것이다. 결국 남목청 사건, 즉 제3차 김구 암살 공작은 일본총영사관 경찰부가 조선총독부 상하이 파견원의 협력을 얻어 박창세를 회유하여 김구를 암살하려고 했던 사건이었다. 남목청 사건 이후 박창세가 상하이로 피신한 뒤 '재지나파견총사령부在支那派遣總司令部'에서 근무했다는 사실이 이를 뒷받침한다.

창사 백범김구활동기념관

2007년 무렵 창사시에서는 김구의 활동지에 대한 조사를 시작했다. 한중 관계가 비교적 안정된 상태에서 창사시에서는 현지 역사학자들의 고증을 통해 김구가 피격당한 조선혁명당 건물에 대한 대대적인 보수공사를 시작했다. 중국 중앙정부 차원에서 움직였으며, 한국의 백범김구기념관에서는 김구의 동상을 제작해 보내 주는 등 남목청 사건 현장은 빠르게 옛 모습을 복원해 갔다. 2009년 개관 이래 해마다 7

만~8만 명 정도의 한국인이 꾸준히 이곳을 찾고 있다. 한국 관광객들이 장자제張家界를 가기 위해서는 대부분 창사 공항을 경유하기 때문에 이곳 여행사와 지방 관청에서 관광코스의 하나로 '난무팅'을 선정해서 운영하고 있다. 어쩌면 한국 독립운동 사적지가 중국인들의 돈벌이 수단으로 이용되고 있다는 비난도 받을 수 있다. 하지만 잊힌 공간을 찾지 않는다면 시간의 역사 역시 우리에게서 멀어질 수 있기 때문에 그 비용이 그리 크게 느껴지지는 않는다.

개관 당시에는 곳곳에서 전시 오류가 발견되었다. 중국에서 자체 제작하다 보니 한국 독립운동에 관한 전반적인 이해가 부족한 측면이 있었다. 한글 표기에도 낯선 부분들이 많았다. 이러한 사정을 서로 교감하면서 마침내 광복 70주년이자 그들에게는 승전 70주년인 2015년에 전시 내용을 전면 교체하고 그해 8월 15일에 한국 정부 대표와 중국 정부 대표가 참석한 가운데 재개관식을 거행하였다.

김구를 살려 낸 상야의원

남목청楠木廳에서 자동차에 실려 상아의원에 도착한 후 의사가 나를 진단해 보고는 가망이 없다고 선언하여, 입원 수속도 할 필요 없이 문간에서 명이 다하기를 기다릴 뿐이었다. 그러다가 한두 시간 내지 세 시간 내 목숨이 연장되는 것을 본 의사는 네 시간 동안만 생명이 연장되면 방법이 있을 듯하다고 하다가 급기야 우등병실에 입원시켜 치료에 착수하였던 것이다.

　『백범일지』에 나오는 대목이다. 심지어 안중근의 둘째 동생 안공근은 김구의 피살 소식을 듣고 장례식에 참석하기 위해 한달음에 김구의 큰아들 김인과 함께 창사로 돌아오기까지 했다. 김구의 어머니는 자신의 아들이 사경을 헤매었다는 소식을 듣고도 의연하게 대처하는 모습을 보이기도 했다.

　김구가 난무팅에서 피격당한 후 이송되어 치료받았던 샹야湘雅의원으로 발길을 돌렸다. 오후 2시, 창사도 너무 뜨겁다. 샹야의원은 1915년에 건립된 건물로서 한국인들에게는 김구를 살려 낸 곳으로 알려져 있다. 샹야의원은 1906년 미국 예일대학과 후난성의 합작으로 창립되었으며, 처음 명칭은 야리雅禮의원이었다. 중국 최초의 서양식 의원 가운데 하나였다. 1914년 샹야의학전문학교로 발전하였으며, 100년간 중국 남부지역 의학 발전의 중심 역할을 수행하였다. 중국에서는 '남샹야, 북셰허'라고 한다. 북셰허는 베이징에 있는 셰허協和의원을 말한다.

　오늘날 중난中南대학 샹야의원으로 중국 내에서 신장 치료의 으뜸 병원이라고 한다. 이곳에 실려 온 김구는 중국 측의 극진한 치료에 목숨을 건질 수 있었다. 우한에서 중일전쟁을 주관하던 장제스는 여러 차례 전문을 보내 김구를 위로하였으며, 퇴원 후에는 치료비 3000원을 들고 왔다고 한다. 김구는 총알이 몸속에 있었기 때문에 때로 통증을 느꼈다. 그가 총을 맞은 전후 글씨체가 달랐다 하여 '남목청 사건' 이후의 필체를 '총알체'라고 했다.

샹야의원

　2018년 7월까지도 보수 중이었던 샹야의원은 12월에는 새롭게 단
장되어 있었다. 100여 년의 내공을 뽐내고 있는 샹야의원 옛 건물은
수줍은 듯 가림막으로 둘러싸여 있으며, 가끔 붉은 벽돌이 삐죽이 밖
으로 나와 있다. 햇빛이 너무 강렬하여 30분 정도 건물을 이리저리 보
다가 시원한 차 안으로 빨려 들어갔다. 김구는 아픈 몸을 이끌고 광둥
성으로 임시정부를 이동시키기 위해 동분서주하였는데, 그 햇빛이 얼

마나 강렬하다고 몇십 분을 견디지 못한 후생의 부끄러움이 열기와 함께 밀려왔다.

마위안링

　늦은 아침을 먹고 마위안링麻園嶺으로 향했다. 김붕준의 큰딸이자 독립운동가였던 김효숙은 창사에서 곽낙원과 김신이 머물렀던 곳이 샹야의원 근처라고 했는데, 바로 마위안링이다. 곽낙원은 임시정부 가족 중에서도 큰 어른이었다. 곽낙원은 그곳에서도 전세가 궁금하여 신문 이야기를 학생들에게 물어보곤 했다. 손자 신에게 배추를 사 오라고 해서 매일 된장찌개 또는 고추장찌개를 끓여서 먹었다. 임시정부 요인이 고기를 사 가면 손사래를 치면서 "그 돈은 미국 동포들의 돈이니 왜놈 쳐부수는 데 써라"고 하였다고 한다. 김자동은 『임시정부의 품 안에서』라는 책에서 김구의 마위안링 집 앞에서 찍은 사진과 함께 안춘생 전 독립기념관장과 자신, 김구의 둘째 아들 김신을 언급하였다.
　곽낙원이 거주하고 있던 마위안링은 샹야의원 후문 건너편에 있는 골목길이다. 지금도 80년 전 모습을 간직한 곳도 있으며, 한창 재개발로 몸살을 앓는 곳도 있다. 곳곳에 공사를 알리는 표지판이 있고, 한편에서는 손님들을 불러 모으는 가게 주인의 모습도 익숙하다. 마위안링 소학교도 운영되고 있다. 창사의 중심지 빌딩 숲속에서 힘겹게 옛 모습을 간직하고 있지만 언제 재개발의 바람에 놓일지 모르는 마위안링

의 모습에서 80년 전 임시정부의 상태를 비교하는 것은 지나친 비유
일까?

현익철이 묻힌 웨루산

후난성 창사시의 휴양지이자 관광 명소인 웨루岳麓산에는 더운
날씨에도 많은 인파들이 몰려들었다. 웨루산은 소수의 한국인들에게
남목청 사건 때 피격당한 김구가 요양한 곳으로 알려져 있다. 사실 정
정화의 기억으로는 웨루산에 현익철이 묻혀 있다. 하지만 현익철은 기
억에서 소환되지 않고 김구만 기억되고 있다. 왜 이러한 현상이 일어
났을까? 그것은 한국인 관광객을 유치하기 위한 창사시의 조급증이
불러온 결과가 아닌가 하는 생각이 든다. 아직까지 김구가 웨루산에서
요양했다는 근거는 명확하지 않다. 창사시정부에서도 난무팅 기념관
이 복원되기 전 관광객 유치를 위해 전시실도 만들어 놓고 '김구 선생
요양처'라고 광고했지만 지금은 모두 철거한 상태다. 다만 정정화의
『장강일기』에는 화창한 어느 일요일에 산행을 간 곳이 웨루산이라고
했다. 임시정부 요인들이 걸었던 곳 웨루산은 지금도 수많은 창사 시
민들이 찾는 휴양지이다.

김구의 요양처를 가기 위해서는 두 가지 방법이 있다. 하나는 웨루
岳麓서원을 보면서 가는 길과 다른 하나는 바로 웨루산 입구에서 가는
길이다. 웨루서원을 보려면 입장료를 내야 한다. 중국 역사상 가장 오

김구의 요양처 표지석

김구의 요양처로 알려진 곳

래된 서원 중 하나로 손꼽히는 이곳은 서기 976년에 정식으로 창립되었으며 1015년에 송나라 진종이 '악록서원岳麓書院'의 편액을 직접 써 주어 사액 서원으로 명성을 얻었다. 1926년 이곳에 후난湖南대학이 설립되고 서원도 학교에 포함되었다.

입장료를 내고 웨루서원을 관람한 후 뒷문을 통해 루산쓰麓山寺로 향했다. 땀이 비오듯 한다. 너무 더워 간이 상점에서 모자 하나를 샀다. 살 것 같았다. 30분 정도 산을 오르자 '김구선생요양처 구지'라는 기념 석비가 한적한 자리를 지키고 있었다. 한국의 저명한 독립운동가이자 정치가로 김구를 소개하고 있으며, 그가 창사에서 1938년 5월에 총격을 받고 위기를 넘긴 후 후난성 정부의 도움으로 웨루산 요양처에서 휴식을 취했다는 내용이다. 8년 전에는 집에도 김구의 활동을 전시하였지만 그 뒤에는 전시물을 철거하고 개인 집으로 사용하고 있다. 문이 잠겨 있어 망설이다가 인기척을 하면서 들어갔다. 앳된 청년이 나와 이방인을 경계하였다. 한국에서 왔다고 하면서 김구의 활동을 이야기하니 자신은 손님으로 온 사람이라고 하면서 대화에 흥미를 느끼지 못하는 듯했다. 오래 머물 형편도 못 되고 또 목이 너무 말라 바로 옆의 상점에서 생수 한 병을 사서 시원하게 마시며 내려왔다. 내려오는 길에 그림엽서를 파는 학생들의 작품을 하나 사면서 김구 이야기를 하였더니 자신들은 잘 모른다고 하여, 촬영한 사진을 보여 주면서 바로 위에 기념비가 있다고 하니 찾아보겠다고 한다. 그것이 빈말일지라도 고마웠다. 기억되지 않는 역사는 기념할 수도 없다. 김구가 나라를 찾기 위해 자신을 희생하였듯이 대한민국의 누군가는 최소한 그의 활동을 기억하고 기념해야 하지 않을까? 땀이 연신 온몸에 흐른다.

유자명과 후난농업대학

　　다음 날 아침 8시에 숙소를 나와 대한민국임시의정원 의원 유자명柳子明이 말년을 보냈다던 후난湖南농업대학으로 향했다. 학교 앞에는 벌써 유자명의 아들인 유전휘柳展輝 교수가 마중을 나와 있었다. 유전휘 교수의 안내를 따라 유자명 전시관으로 향했다. 2013년 유자명의 제자들이 모금하여 유자명이 후난농업대학 근무 당시 거주했던 집에 전시관을 만들었는데, 총 5개 부분으로 전시를 구성해 놓았다. 도착해 보니 창사 문물보호단위로 등록되었음을 알리는 표지석이 일행을 맞았다.

　　유전휘 교수는 자신의 아버지의 활동에 대해 이야기했다. 물론 부친에게 들은 이야기이겠지만 경청할 만했다. 1930년 후반 유자명의 활동은 주로 재중 한인혁명세력의 통일 운동에 모아졌다. 당시 난징에서는 김원봉의 조선민족혁명당과 김규광의 해방동맹, 최창익의 전위동맹 등이 각 조직의 통일을 실현하기 위해 노력한 결과 1937년 조선민족전선연맹을 결성하였다. 이 단체에는 위의 3개 단체 외에 유자명의 조선무정부주의자연맹도 참가하였다. 이후 한커우漢口로 이동하여 일본 조계지에 거처를 정하고 활동했는데, 이때 김원봉·박정애·김규광·두군혜·최창익·허정숙·이춘암·이영준·문정일 등이 활약하였다.

유자명은 1944년 4월 임시정부 제5차 개헌에 앞서 조소앙 등과 7인 헌법기초위원을 맡았다. 이때를 제외하고는 표면에 나서서 활동하기보다 작전의 배후 참모로서 역할을 하였다. 광복 후 1950년 귀국을 결심했으나 6·25전쟁 발발로 귀국하지 못하였고, 이에 중국의 후난농업대학에서 교수 생활을 하며 농학자의 길을 걷게 되었다. 유전휘 교수는 설명을 통해 이것이 자신이 중국에 있게 된 이유라고 재차 강조했다.

전시관을 둘러보고 후난농업대학 내에 설치된 유자명 동상을 촬영하기 위해 발걸음을 옮겼다. 2013년 후난농업대학 제2교학관과 제3교학관 사이의 공터에 세워진 유자명 동상에는 "한국의 국제적 전우이며, 충청북도 충주에서 태어난 후난농업대학 교수이자, 저명한 원예학자였던 독립운동가"라고 새겨져 있다. 다만 동상에는 그의 고향인 충주가 '중주'라고 잘못 각자되어 있었다. 타국에서 농업인으로 삶을 마감했던 위대한 국제적 인물 유자명의 정신은 그렇게 후난농업대학에서 유지되고 있었다.

광저우·포산

광저우 둥산 보위안과
야시야뤼관

임시정부의 임시 거처

은정태

1937년 중일전쟁 발발 후 대한민국임시정부는 전장, 창사를 거쳐 그 남쪽인 광둥성 광저우廣州로 이동하였다. 임시정부 요인들과 가족들은 1938년 7월 19일 창사를 떠나 기차로 3일 만에 광저우에 도착하였다. 9월 19일 광저우에 이웃한 포산佛山을 거쳐 10월 말에 다시 광시성과 광둥성을 가로지르는 중국 3대 강의 하나인 주강珠江을 따라 류저우柳州를 향해 떠났으니 3개월간 광둥에 머물렀던 셈이다.

당초 임시정부는 창사가 위험해지자 윈난성 쿤밍昆明으로 이전할 생각이었으나 교통편과 여비 등의 문제로 쿤밍으로 가지는 못하고 광저우로 이전하기로 결정했다. 광저우행은 정말 우연이었다. 만약 이때 쿤밍으로 이동했다면 안전할 수는 있었겠지만 한국 독립운동의 현실적 조건인 한중연대가 훨씬 어려웠을 것이다. 광저우는 혁명의 도시였고 적지 않은 수의 한인들이 유학 생활을 하고 단체를 조직해 있던 곳이다.

광저우 임시정부청사 둥산 보위안

임시정부 요인과 가족 등 모두 200여 명이 광저우에 도착한 것은 1938년 7월 22일이었다. 김구는 일행보다 하루 먼저 도착하여 임시정부청사와 숙소를 마련하였다. 이때 광저우에서 중국군으로 활동하고 있던 채원개蔡元凱와 이준식李俊植이 미리 광저우시 당국의 협조를 얻어 두었다. 채원개는 뤄양洛陽강무당講武堂 출신이자 유월留粵한인광복회 회장으로 광저우 지역 한인 사회와 중국 당국과의 긴밀한 관계를 유지해 왔던 인물이었다. 이준식은 윈난雲南강무당 출신으로 광복군에서 활동하였다. 후일 채원개는 광복군 총사령부 참모처장으로, 이준식은 임시정부 군무부 군사위원회 위원과 군사특파단원으로 활동하였다.

임시정부청사가 급히 갖추어진 곳은 광저우 시내 둥산東山 보위안栢園이었고, 가족들이 머문 곳은 근처 야시야뤼관亞細亞旅館이었다. 둥산 보위안의 위치는 광저우시 둥산구 쉬구위안恤孤院로 12호이다(현 웨슈구 쉬구위안로 12호). 광저우시 둥산구는 주강을 남쪽으로 하고 광저우

근대사중앙연구원 청사로 사용된 둥산 보위안
(1928)

중국군에 복무하던 채원개와 김구,
뒤쪽 담이 둥산 보위안 입구이다. (1938)

성 밖 동교장(동쪽의 군사훈련장) 오른쪽에 위치한 낮은 언덕 일대이다. 둥산은 명대에 '둥산쓰東山寺'에서 이름을 얻었고, 청대에는 광저우성 다둥먼大東門 밖의 사람이 얕은 언덕들에 둘러싸여 있어서 청대 지도에는 '둥산강東山崗'으로 불렸던 곳이다. 쉬구위안로 일대는 1920~1930년대 중화민국 시기에 건축된 수십 채의 관저가 있다. 이른바 신개발지로서 부두와 철도역이 가까이 있어서 고급 주택지였다고 한다.

임시정부가 이곳에 자리 잡게 된 계기는 몇 가지로 추정해 볼 수 있다. 우선 1932년 설립된 한독당 광둥지부가 이 일대에 있었던 것이 시작으로 보인다. 광둥지부는 김붕준金朋濬이 대표를 맡고 이두산李斗山과 양우조楊宇朝가 간사로 선임되었고, 당원으로 채원개, 김창국金昌國 등이 있었다. 사무실을 광저우시 시뉴웨이西牛尾 푸인福音촌에 두었는데, 현재의 와야오허우瓦窯後가 41호이다. 김붕준은 가족과 함께 광둥으로 옮겨 왔는데 세 아들딸들은 모두 중산대학에 다녔다. 그의 집 주소는 와야오허우가 12호였다. 와야오허우가와 쉬구위안로는 서로 교차하는 길로서, 한독당 광둥지부와 둥산 보위안과는 100미터가 안 되는 거리였다. 그리고 채원개와 이준식 등이 광저우시 당국과 협의할 때, 100여 명의 인원이 사무와 거주를 함께 해결할 수 있는 지역을 급히 찾았을 때, 서양식 건물이 들어서 있고 외국인이 생활하기에 비교적 안정된 둥산구 일대가 적합한 곳으로 거론되었을 가능성이 크다. 즉, 여러 상황 조건이 부합하는 곳이 둥산구 일대였던 것이다. 게다가 광둥성 당국이 임시정부의 요청에 따라 급히 제공할 수 있었던 것도 당시 이곳이 민간 소유의 건물이 아니라 공공 용도로 사용되고 있었기 때문이었다.

　여러 자료와 회고에서 언급된 둥산 보위안의 위치를 두고 그동안 논란이 있었다. 그런데 이 논란을 잠재우고 쉬구위안로 12호로 위치를 확정하게 된 계기는 2015~2016년에 광둥성 문물국과 광저우시 당국의 조사 결과였다. 물론 여기에는 광저우 주재 한국총영사관의 노력이 컸다. 중국 측의 조사에 따르면, 1928년 10월 중앙연구원 역사언어연구소가 중산대학에서 둥산 보위안으로 이전하였고, 1929년 6월까지 사용하다가 베이징으로 옮겨 갔다. 『중앙연구원 역사언어연구소 80년사』(2008)에 실린 당시 연구소 건물이 현재 쉬구위안로 12호에 위치한 건물과 일치한다는 것이다. 여기다 둥산 보위안을 짓기 전의 광저우시 경계도와 필지가 분할된 상황 등을 담은 각종 지적도를 제시함으로써 둥산구 일대의 개발 과정과 보위안의 위치를 정확히 파악할 수 있었던 것이다. 그동안 '둥산 보위안'이라는 건물명으로 이해했으나 이를 계기로 '둥산에 있는 보위안'으로 바로잡을 수 있었다. 이처럼 중국에서의 독립운동사 연구는 한중 양국의 자료와 현장 결합의 중요성과 함께 중국 당국과의 긴밀한 협조가 관건임을 새삼 느끼게 해 주었다. 답사 현장에서 느끼는 또 다른 한중연대였다.

가족들이 머물렀던 야시야뤼관

　야시야뤼관은 임시정부청사와 가까운 거리에 있었지만 정확한 위치를 확인할 수는 없다. 대부분의 기록에서 둥산 보위안에는 임시정부 청사를, 야시야뤄관에는 가족들이 머물렀다고 하였는데, 안춘생은 '아세아여관(야시야뤄관)'을 가족들뿐만 아니라 임시정부 요인들도 사용했다고 하였다.

지청천의 딸 지복영은 회고에서 "어쨌든 우리 일행은 다친 사람 없이 광저우에 도착했다. 아세아여관亞細亞旅館이란 큰 건물을 빌려 피난 보따리를 풀고 장사에서처럼 생활비를 나누어 받아 각각 냄비밥을 지어 먹으면서 살았다"고 하였다(『민들레의 비상』). 이는 야시야뤄관과 둥산 보위안을 구분하지 않는 시선이다. 기억의 혼란일 수도 있지만, 두 곳이 몹시 가까웠다는 기록은 대부분 비슷하다.

김자동의 회고에 따르면, 광저우 임시정부청사가 위치한 둥산구는 부유한 사람, 특히 외국에 거주하는 화교들의 별장이 많은 곳이었다고

야시야뤄관으로 추정되는 주위안. 둥산 보위안과 50미터 이내의 거리이다. 현 쉬구위안 12-1호

한다. 그래서 거리도 깨끗하고 골목도 포장되어 있어서 그때까지 보아온 중국의 다른 거리와는 차이가 있었다고 하였다(『임시정부의 품 안에서』110쪽).

김구의 아들 김신은 야시야뤼관이 호텔 수준으로 샤워실까지 있을 정도였다고 하였고, 김붕준의 딸 김효숙은 식구들이 한 방씩 차지할 정도였고 '피난생활이기보다 호강'이었다고 회고하였다. 야시야뤼관에 있던 청년들은 더운 날에는 여관 동북쪽에 있는 주강으로 수영을 가 힘들고 어려운 처지를 잠시 잊을 수 있었다. 게다가 강을 오가는 배에서 군것질을 하는 즐거움도 있었다고 한다.

야시야뤼관에서의 생활은 한여름에 다소 무료한 측면이 있었던 것 같다. 그러나 전시였기 때문에 긴장감의 끈을 놓을 수 없었다. 두 달이 지난 다음 포산으로 옮겨 간 것은 일본군의 광저우 폭격이 한 이유였다는 점을 감안할 필요가 있다.

중국공산당의 사적지

답사 팀은 7월 3일 광저우에서의 둘째 날 일정으로 둥산 보위안을 찾았다. 둥산 보위안으로 가는 길에 잠시 버스를 세운 곳은 1923년 6월 중국공산당 제3차 전국대표자회의가 개최된 기념관이 자리한 곳이었다(中共三大會址紀念館, 쉬구위안로 3호).

현재 신허푸新河浦로와 쉬구위안로 일대에는 주위안竺園, 쿠이위안逵

園, 춘위안春原, 젠위안簡園 등등이 보존·관리되고 있다. 모두 중국공산당의 제3차 전국대표자회의와 관련된 사적지로서 대회에 참석한 이들의 숙소이자 회의 장소였다. 1923년 6월 12~20일 중국공산당 제3차 전국대표자회의는 천두슈陳獨秀, 리다자오李大釗, 마오쩌둥, 리리싼李立三 등 초기 중국 공산주의 운동의 지도자 40명이 출석했다. 이 대회는 공산당원이 개인 자격으로 국민당에 가입할 것을 결의하여 이른바 제1차 국공합작을 이끌어 내었다. 근처에 있는 중산대학에서 1924년 1월에 국민당 제1차 전국대표대회를 열어 국공합작을 결의하였고, 그 결과 많은 한인 청년들이 중산대학과 황푸군관학교에 입학하여 한국 독립운동의 일꾼으로 나설 수 있게 되었다. 이를 생각하면 중국공산당 제3차 전국대표자회의는 중국혁명과 한국 독립운동의 싹이 튼 곳 가운데 하나라 할 것이다. 임시정부가 바로 이 근처에 터를 잡았으니 독

중국공산당 제3차 전국대표자대회 당시 숙소로 사용되었던 쿠이위안

립운동사와 중국근대사를 함께 이해하는 관점이 중요함을 새삼 느끼게 한다.

한독당 광둥지부 겸 흥사단 사무실

중국공산당 제3차 전국대표자회의를 연 곳에서 100미터가 채 되지 않는 거리에 둥산 보위안이 위치해 있다. 그 바로 옆에 주위안이 있다. 현재 주소는 쉬구위안로 12-1호이다. 여기에 1932년 11월 한독당 광둥지부가 설립되었다. 지부장은 김붕준이고 채원개와 이두산 등이 간부로 활동하였다. 당시 광둥지부는 '혁명인재 양성'을 목적으로 중산대학 및 광둥군관학교의 한인 청년들이 무료교육을 받도록 알선하거나 입학 추천 업무를 주관하였다. 한독당 광둥지부장 김붕준은 흥사단 단원이기도 하였는데, 이곳을 흥사단 사무실로 사용하였다. 당시 흥사단원 전부가 광둥지부원이기도 했기 때문이다.

임시정부청사는 바로 이런 조건에서 마련될 수 있었다. 다만 1938년 임시정부가 광저우로 옮겨 올 때에는 광둥에 유학생이 거의 없었다. 중일전쟁이 발발하자 대부분 한인 유학생들이 국민정부의 제안으로 충칭의 중양中央육군군관학교 싱쯔분교 특별훈련반에 입교하여 군사훈련을 받으러 떠났기 때문이다. 소수만 남은 광저우에는 채원개가 이끄는 유월한인광복회가 조직되었다. 1938년 3월 안창호가 서거하자 추도식을 준비하는 등의 일을 벌였는데, 그 사무소는 광저우시 둥산구 쉬구위안로 1-13호였다. 앞서 언급하였듯이 채원개는 자신의 집 근처에다 광저우시 당국과 협의해 임시정부청사를 마련했던 것이다.

둥산 보위안의 현재

20세기 초 미국 기독교가 둥산을 선교 기지로 선정해 교회를 개척한 후 서양식 주거 환경이 만들어졌으며, 여기에 광둥의 화교 자산가, 광저우 군정부의 정계 요인들이 모여들었다고 한다. 이 지역은 부두와 철도역(당시 광저우-홍콩 간 철로)이 가까이 있어 교통의 편리성을 담보한 고급 주택가의 면모를 보였다. 중화민국 시기에 화교는 혁명과 전쟁이 빈번한 상황에서 상대적으로 안정적인 소득을 위해 주택을 층으로 나누어 임대 사업을 벌였다. 이때 지은 집들을 '둥산양러우東山洋樓' 혹은 '둥산화위안산팡東山花園山房'으로 통칭하였다. 붉은 벽돌을 사용하고, 유럽식의 조각 무늬 장식으로 꾸미고, 작은 정원에 큰 나무를 심는 것이 특징이었다.

둥산 보위안은 대문이 따로 없다. 담장에 뚫려 있는 출입문을 지나면 4층 건물을 가릴 정도로 높이 자란 나무가 나타난다. 현재 광둥성 공산당위원회가 소유한 건물로, 노동자 등 저소득층이 살고 있는 시 당국 소유의 공공건물이다. 민간 거주지인 만큼 1층 입구는 들어갈 수 없었다. 1928년 중앙연구원 역사언어연구실로 사용될 당시의 사진(51

쪽 상단)과 현재의 건물을 비교해 보니 1층 계단의 층수, 2층 난간의 창호가 동일하였다. 1928년 당시 사진에는 작은 나무가 1층 정문의 왼쪽에 심어져 있는데, 그 나무가 현재 집을 둘러쌀 정도의 큰 나무로 자란 것이 아닌가 하고 추측해 보았다.

건물은 외관상으로는 보존 상태가 양호했다. 일행은 가운데 있는 복도를 이용해 옥상으로 올라갔다. 올라가는 동안 관리가 제대로 안 되는 듯 조명이 없고 노출된 전기선이 여기저기 눈에 띄었다. 빨랫줄에 빨래가 걸린 걸로 보아 사람들이 살고 있음을 확인할 수 있었다. 옥상에 올라가니 사방을 조망할 수 있었다. 전체적으로 이 일대가 고급 주택지임을 추정할 수 있는 건물들이 눈에 띄었으며 주변 도로가 잘 정비되어 있었다.

대한민국임시정부는 이곳에서 두 달간 머물렀다. 임시정부가 이곳으로 이전해 오자 광저우의 독립운동 단체들은 잠시나마 활기를 띠었다. 한국국민당에서는 1938년 8월 29일 국치일을 맞아 기념식을 거행하였고, 만주사변 7주년을 맞아 사진 전시회를 열었다. 또 9월 20일에는 인도국민대표회에서 파견한 인도인 구호대와 다과회를 갖기도 하였다.

그러나 광저우로 온 지 두 달이 된 9월 중순, 둥산 보위안에는 10여 명만 남아 연락을 취하고 나머지는 포산으로 옮겨 갔다. 일본군의 공습이 심해졌기 때문이다. 야시야뤄관에 있던 가족들도 대부분 포산으로 옮겨 갔다. 전쟁의 소용돌이에서 대한민국임시정부는 불안하고 불투명한 본격적인 유랑 생활을 시작하였다.

이번 답사는 광저우 주재 총영사관의 연구원인 강정애 선생의 도움이 컸다. 그는『광저우 이야기』를 출간하였고, 3·1운동 100주년을 앞두고 광저우를 배경으로 활동한 독립운동가 열전을 집필 중이라 하였다. 혁명의 도시 광저우에서 수많은 조선인 청년들이 꿈꾸었던 중국 혁명과 조선 독립에의 열정을 일깨우려는 노력으로 보였다. 그는 많은 현장 조사와 답사를 다녔으며, 이번 안내도 그 경험과 집필에 근거한 것이었다. 그는 자신의 삶과 현실을 즐기는 분으로 보였다. 김성숙金星波과 두쥔후이杜君慧의 사랑을 말할 때는 그 자신이 당사자인 것처럼 느껴졌다. 광저우에서 두 달간 머물렀던 임시정부는 이를 조사하고 연구하는 한 여성에 의해 더욱 빛나 보였다. 광저우에서 독립운동사와 혁명가의 자취를 찾으려면 강정애 박사를 꼭 찾아보기를 바란다.

광저우의
쑨원 호법정부

광저우는 중산中山 쑨원(孫文, 1866~1925)의 도시이다. 1911년 쑨원이 일으킨 광저우봉기는 신해혁명의 시발점이 되었다. 2011년 신해혁명 100주년을 맞아 혁명과 쑨원을 기념하는 수많은 기념사업이 있었다. 광저우와 이웃 도시 곳곳에 쑨원의 호 '중산'을 단 공원, 길, 기념관 등을 쉽게 찾아볼 수 있는 이유이다. 한국독립운동사에서 광저우는 상하이나 충칭과 마찬가지로 떼려야 뗄 수 없는 도시이다. 중산대학과 황푸군관학교는 독립운동가를 길러 내는 기관이었다. 특히 1927년 12월 광저우봉기 당시 조선인 청년 150여 명이 중국인들과 함께 피를 흘리기도 했다. 그리고 임시정부의 여당이라 할 수 있는 한국

독립당과 한국국민당의 광둥지부가 광저우에 자리 잡고 있었다. 1938년에 이르러서는 대한민국임시정부가 광저우 둥산 보위안에 자리 잡았다. 그러나 무엇보다도 중요한 것이 1921년 신규식申圭植이 대한민국임시정부와 쑨원의 호법정부를 상호 승인하고 한국독립운동 지원을 요청하여 중국에서 독립운동에 커다란 외교적 밑돌을 놓은 사건일 것이다.

쑨원의 호법정부와 대한민국임시정부의 접점

1917년 8월 25일 쑨원은 호법護法, 즉 중화민국의 헌법을 지키기 위해 베이징에서 광저우로 내려와 비상 국회를 소집했다. 여기서 통과된 '중화민국군정부조직대강'을 근거로 9월 1일 '호법군정부(약칭 호법정부)'를 조직하고 쑨원이 대원수에 취임했다. 호법정부는 공화제에 입각한 민주적인 국가를 수립한다는 목표하에 붙여진 것이다. 베이징의 돤치루이段祺瑞 정부는 신해혁명에 따라 만들어진 국회와 헌법을 인정하지 않고 별도로 정부를 수립하였다. 이에 맞서 쑨원이 광저우로 와서 새로운 정부를 구성한 것이다. 이 시기 중국은 남북에 각각 다른 정부가 들어서 있었다.

군사와 재정 기반이 취약했던 쑨원은 1918년 광시廣西 군벌과 윈난 군벌에 의해 광저우에서 축출되어 주로 상하이에서 머물렀다. 1920년 11월 쑨원은 광둥 군벌 천중밍陳炯明과 연합해 다시 광저우로 돌아왔

쑨원

신규식

다. 이듬해 5월 쑨원은 중화민국(호법정부) 대총통이 되었다.

1921년 당시 대한민국임시정부는 대통령 이승만의 미국행, 국무총리 이동휘의 사퇴, 안창호의 새로운 정당 운동 모색 등 내부 갈등이 심해지고 있었다. 바로 이때 미국에서 아시아 태평양 지역의 제반 문제를 논의하기 위한 국제회의(태평양회의, 혹은 워싱턴회의)가 1921년 11월에 개최되면서 호법정부가 대표자를 그 회의에 파견한다는 소식이 전해졌다. 이에 따라 임시정부는 호법정부로부터 승인을 받고 태평양회의에서 중국 대표의 협조를 구하려는 차원에서 호법정부에 접근하게 되었다. 1921년 9월 22일 국무회의에서 신규식을 파견하기로 결정하였다. 신규식의 공식 직함은 국무총리 대리 겸 외무총장이었다. 광저우 파견에 맞춰 신규식은 중국이 한국의 독립을 지원해야 하는 역사적인 이유를 설명하고 중국 각계 민간 인사들의 협조를 구하는 '중화민국 각계에 드리는 대한민국임시정부의 호소문'을 발표하였다. 그는 이 글에서 중국의 여러 인사들이 한국 독립을 적극 지원해야 하는 4가지 근거를 제시하였다. 중국의 역사적 인도주의, 세계대전의 재발을 막아 낼 세계평화, 청일전쟁 이래 약속된 국제신의, 순치관계를 가진 양국의 정세 등이었다. 결론적으로 곧 소집될 태평양회의에서 중국 대표가 한국독립안을 의제로 상정하여 국제사회의 공평한 판결을 받을 수 있도록 해 달라는 요청이었다.

신규식의 외교 활동

　　대한민국임시정부의 외교정책 가운데 최대의 성과 중의 하나는 1921년 임시정부 국무총리 대리 겸 외무총장 신규식이 호법정부의 쑨원을 만나 한국 독립운동의 지원을 얻어 낸 사실이다. 그런데 그 근거가 되어 온 신규식의 사위 민필호가 쓴 『중한외교사화中韓外交史話』에 대한 신뢰성이 1990년대부터 제기되어 여러 의문점을 낳았다.

　　민필호의 기록에 따르면, 신규식 일행은 1921년 10월 임시정부 국무회의의 의결에 따라 상하이에서 홍콩으로 가 10월 29일 탕지야오唐繼堯를 방문하였고 30일 오후 광저우에 도착하였다. 31일 아침 후한민胡漢民, 쉬첸徐謙, 우팅팡伍廷芳, 랴오중카이廖仲凱 등 군정부 요인을 방문하였고, 11월 3일에는 후한민의 안내로 총통부의 쑨원을 만나 회담하여 이른바 5개 조항을 제시해 긍정적인 답을 얻었다. 11월 18일에는 광저우 동교장에서 열린 북벌서사전례北伐誓師典禮 식장에서 신규식이 대한민국임시정부의 국서를 봉정하는 의식을 거행하였으며, 11월 31일 중산현을 찾아 탕사오이唐紹儀의 거처를 방문했다가 광저우로 돌아왔으며, 12월 22일 광저우에서 미국, 프랑스 등 광저우 주재 각국 영사들과 총통부 요인들을 초청하여 한국 독립의 필요성을 선전하는 연회를 열었으며, 12월 25일 광저우를 출발해 상하이로 돌아왔다는 것이다.

　　그러나 여러 연구에서 지적하고 있듯이 쑨원을 만났다는 11월 3일이나 국서봉정식이 있었다는 11월 18일에 쑨원은 광저우에 없었으며,

쑨원이 광시 지방으로 떠난 11월 15일 이전에 광저우에서는 북벌서 사전례식이 아예 없었다는 것이다. 그리고 신규식이 상하이에서 60여 명의 중국 인사들과 연회를 열어 태평양회의에 대한 중국인들의 협조에 감사를 표한 것이 12월 14일이었으니 적어도 그 이전에 상하이로 돌아와야 한다는 것이다.

중국근대사 연구자인 배경한이 중국 측 자료를 통해 민필호의 기록에 대해 문제를 제기한 이래 민필호의 기록은 실제 사실과 대체로 한 달 정도의 차이가 나며, 임시정부 상호 승인안은 의회의 의결을 거치지 않은 채 쑨원의 개인 의견 표명이나 광둥정부의 비공식적인 승인 수준이었다는 것으로 정리되고 있다. 그렇다고 해서 신규식의 외교 활동의 성과를 부정하지는 않는다.

연구자들에 의해 재구성된 신규식 일행의 일정을 살펴보면 다음과 같다. 1921년 5월 광둥에서 호법정부 쑨원 대총통의 취임식이 거행되었다. 그해 11월 열릴 예정이던 태평양회의에서의 중국 측의 지원을 염두에 두었던 임시정부는 9월 22일 국무회의에서 국무총리 겸 외무총장 신규식을 특사로 파견할 것을 결정하였다. 신규식은 중국어에 능통하고, 신해혁명에 발을 디딘 뒤로 중국 혁명인사들과 교유하는 폭이 넓었다. 그는 9월 30일 상하이를 출발해 10월 2일 홍콩에 도착하였다. 여기서 탕지야오의 소개장을 받아 10월 3일 관인산觀音山 중턱에 자리 잡은 대총통 관저에서 쑨원을 면담하였다. 이 자리에서 신규식은 임시정부 승인을 비롯한 5개항의 요청서를 제출하였다. 임시정부와 호법정부의 상호승인, 한국 학생의 중국 군관학교 입교, 500만 원의 차관 제공, 독립군 양성을 위한 조차지 요청 등이었다. 이에 쑨원은 임시정부 승인과 군관학교 입학 건은 동의하며, 다만 차관과 조차지 문제는 북벌을 완성한 후에는 가능할 것이라고 답변하였다. 특히 쑨원은 "한중 양국은 동문동종同文同種으로 본래 형제의 나라이고, 오랜 역사 관계가 있어서 보거상의輔車相依하고 순치상의脣齒相依하여 잠시도 분리될 수 없으니 마치 서방의 영미와 같습니다. 한국의 복국 운동에 대하여 중국은 마땅히 원조할 의무가 있음은 말할 필요가 없습니다"라고 답하였다.

물론 쑨원의 발언은 전통적인 중국과 조선의 관계와 황인종연대론에 기반했으며, 그리고 임시정부 승인 발언은 중국 국민당 정부의 외교적 절차와 합법성을 갖추지 않은 것으로 한계가 있다는 지적이 있다. 즉 '한국독립에 대한 지지'라는 원칙적인 입장 표명에 그친 것임을 강조하곤 한다. 또 중국혁명의 성공과 그 이후의 중국의 한국 독립 지원을 순차적으로 보는 쑨원의 입장에 따라 황푸군관학교에 입교한 한인 청년들은 호법정부가 주도하는 광둥에서의 동정東征과 북벌北伐에 참여하게 되는 현실적 어려움을 갖게 되기도 하였다.

그러한 한계에도 신규식의 외교 활동 후 한중 간의 연대는 더욱 공고해졌다. 한인 청년들이 중국혁명에 직접 참여함에 따라 그 이후 다양한 수준의 한중연대가 가능해졌다. 또 쑨원의 답변과 뒤이은 호법정부 국회에서의 '한국독립승인안' 통과는 중국정부가 한국의 독립운동을 지원하는 계기가 되었다. 쑨원 사망 이후 대한민국임시정부와 중국 국민정부는 그의 유지를 끊임없이 환기시키면서 한중 간의 다양한 항일전선을 모색할 수 있었다.

"임시정부의 지위문제에 있어서는 민국民國 10년(1921)에 일찍이 손
중산孫中山 선생 및 광동국회廣東國會의 비상회의非常會議에서 한국 민족
을 통치하는 정통적 민주공화국정부임을 승인하였고 아울러 손선생
孫先生이 직접 북벌北伐이 성공한 뒤에 폐국敝國에 1백만 원을 협조하겠
다는 승낙을 받았습니다. 현재 귀당貴黨의 원로로서 알고 있는 이가 많
습니다."(1940년 5월 광복군 창설을 준비하던 김구가 중국의 지원을 요청하
면서 한 발언)

이처럼 신규식이 호법정부를 만나 이루어 낸 외교적 성과는 이후
임시정부의 독립운동 추진에 커다란 밑바탕이 되었다.

웨슈공원의 쑨원 유지

웨슈공원越秀公園 서쪽 입구에 들어서면 광둥의 상징인 다섯 마
리의 양을 형상화한 오양석조五羊石雕가 가장 먼저 보인다. 아주 오래전
광저우가 빈곤에 시달렸을 때 5명의 신선이 벼 이삭을 입에 문 다섯
마리 양을 타고 내려와 가난을 구제했다는 전설에서 비롯되었는데, 광
저우의 별칭 '양청羊城'은 여기서 나왔다. 곧바로 안으로 올라가면 광저
우성廣州城 유적이다. 현재 광저우박물관으로 사용되는 전하이러우鎭海

樓와 함께 명대의 유적임을 보여 준다. 성벽을 휘감는 아열대의 고목들이 군락을 이루고 있다.

이 성벽을 따라 들어가면 '손선생독서치사처孫先生讀書治事處'라는 기념비가 가장 먼저 눈에 들어온다. 1930년에 세워진 5.5미터 높이의 작은 기념비이다. 웨슈공원 내의 웨슈산越秀山 중턱에 위치하는데 쑨원의 학문 수양을 기리기 위함이다. 이곳은 쑨원과 그의 부인 쑹칭링宋慶齡이 거주한 웨슈러우粤秀樓가 있던 자리로 웨슈러우는 대총통이던 쑨원의 관저였다. 쑨원은 주요 외교사절을 이곳에서 만났다. 쑨원이 신규식을 만나 대한민국임시정부의 승인과 한국 독립운동 지원을 약속한 곳이 바로 이곳이다. 65만 평이 넘는 웨슈공원에서 이곳을 가장 먼저 찾는 이유이다.

웨슈러우는 원래 윈난 군벌 룽지광龍濟光이 세운 관저인데 1921년 쑨원이 중화민국 비상대총통에 취임하면서 관저로 사용하였다. 총통부는 현재의 웨슈공원 남쪽의 중산기념당이다. 1922년 6월 16일 천중밍이 쑨원을 배반해 무장반란을 일으키고 총통부와 웨슈러우를 포위했는데, 웨슈러우에 있던 쑨원과 그 부인 쑹칭링이 피신하였다고 한다. 웨슈러우는 천중밍 군사들의 포격으로 파괴되었는데, 쑨원 서거 후인 1930년 6월 16일 중산기념당 건축관리위원회가 웨슈러우가 있던 자리에 이 비를 건립했다. 비의 전면에 '손선생독서치사처'라 새겼고 후면에는 '항역위사제명비기抗逆衛士題名碑記'를 써서 총통부를 지키며 피를 흘린 62명 군사의 명단과 그 경과를 적었다.

바로 위로 계단을 올라가면 중산기념비가 광저우 시내를 내려다본다. 웨슈산의 정상이다. 중산기념비는 1926년 1월에 열린 국민당 제2차 전국대표자대회에서 건립을 결의하고 1929년에 건립했다. 설계자는 뤼옌즈呂彦直이다. 높이가 37미터인 정방형 모양으로, 화강암으로 만들어졌다. 기념비의 전면에는 쑨원의 유언이 금색으로 박혀 있다. 중국의 자유와 평등을 구하고 민중을 일으켜 이룰 혁명은 아직 성공하지 못했으며, 삼민주의 등을 관철하도록 계속 노력할 것을 주문하고 있다. 그리고 당장에는 국민회의 개최와 불평등조약 철폐를 실현할 것을 촉구하고 있다. 기념비의 사방으로 양머리 조각 26개가 새겨져 있다. 그리고 기념비 안의 나선형 계단을 따라 올라가면 기념당의 전모를 볼 수 있다.

중산기념비에서 498개의 계단을 올라 남쪽으로 따라가면 중산기념당에 갈 수 있다. 기념비에서 중산기념당 사이에는 속칭 '바이부티(百步梯, 백보제)'라는 계단이 있었다. 쑨원이 웨슈러우 관저에서 총통부까지 나무로 된 다리를 두어 편리하게 왕래했다고 한다. 웨슈산의 중산기념비와 그 남쪽의 중산기념당과 짝을 이루어 '전당후비前堂後碑'의 모습이다. 광저우성 전통 도시의 건축선을 따라 건축된 만큼 그 위상을 알게 해 준다. 중산기념당은 오늘날 광저우의 상징적 건축물로 꼽히고 있으며, 광저우시의 대규모 집회나 공연이 열리는 장소이기도 하다.

1931년 11월, 화교들의 고향 광저우답게 화교들이 적지 않은 중산기념당의 공사비를 부담하였다. 쑨원의 해외 망명 생활이나 유랑 생활 당시 화교들이 돈을 거두어 생활비를 제공했고 거처도 마련해 주었다. 중산기념당의 건축 과정은 중산기념당 역사진열관에 자세히 나와 있

웨슈공원에 있는 손선생독서치사처 기념비

광저우시의 중심에 위치한
중산기념비와 중산기념당
(사진의 북쪽)

다. 기념물 건축에 관심이 있다면 이를 찾아보는 것도 좋을 것이다.

중산기념비와 중산기념당을 찾는 방법은 남쪽 중산기념당에서 차례로 올라가는 방법과 명대 성벽을 볼 수 있는 웨슈공원 입구에서 손선생독서치사처기념비를 거쳐 중산기념비를 본 다음 아래로 내려오면서 중산기념당을 구경하는 방식이 있다. 본 답사 팀은 후자를 택했으나 중산기념당까지는 시간 때문에 가지 못했다.

1921년 대한민국임시정부 국무총리 겸 외무총장 신규식이 벌인 외교 활동의 성과는 이후 한중연대에 기반한 중국에서의 한국 독립운동의 큰 밑바탕이 되었다. 웨슈공원 안에는 2005년 경기도 관광공사에서 건축한 한국원韓國園이 자리하고 있다. 해동경기원·세종루·율곡루라는 한옥 건축물이다. 새로운 방식의 한중 간 교류의 흔적들이다.

최근 한중 국민들 간의 상호 불신이 적지 않다. 1919년 이래 한중연대하에서 이루어진 독립운동과 중국혁명의 경험이, 100주년이 도래하는 21세기에 여러 기념행사와 맞물려 새로운 한중연대의 토대가 되기를 기대해 본다. 쑨원과 신규식은 서로의 필요에 의해서 적극 구애하였다.

광저우, 국공합작의 도시

이신철

혁명과 독립을 꿈꾸던 청춘들

광저우는 '중국의 공장', '중국 발전의 상징'이라 불리며 공업·상업 도시로 그 명성을 떨치고 있다. 근대 초입에서는 아편전쟁으로 상징되는 반식민화 투쟁의 현장이기도 했다. 그것은 곧 광저우가 무역의 중심이며 지리적 요충임을 의미하고, 제국주의 국가들이 중국 침략의 전초기지로 삼고 싶어 했던 곳임을 의미한다. 1924년 광저우에서는 국민당 제1차 전국대표대회가 열렸으며 국민당과 공산당 간에 반봉건 군벌타도라는 공동의 목표로 제1차 국공합작이 이루어졌다. 그 결과 중산대학과 황푸군관학교가 세워지고 광저우에 중국혁명의 분위기가 고조되자 한인 독립운동가들도 광저우로 모여들었다.

혁명의 기운이 넘쳐흘렀던 광저우

우리 답사 팀을 반갑게 맞아 준 현지 안내인은 상업 도시 광저우에 걸맞게 말쑥한 양복 차림으로 자신이 주로 한국의 기업인들을 안내하고 있다고 소개했다. 우리같이 임시정부와 한국 독립운동의 유적을 찾아온 사람들은 거의 보기 어렵다고 했다. 광저우의 상업적 발전 과정에 대한 그의 소개를 들으며 점심 식사를 할 때까지만 해도, 필자는 광저우의 독립운동 현장이 우리에게 줄 감동이 어느 정도일지 상상조차 하지 못했다. 그저 새롭게 마주한 중국 대도시의 이미지를 쫓기에 바빴다.

중산기념비가 있는 웨슈공원에 들렀을 때만 해도 거대한 뿌리를 드러내고 고대 성곽을 감싸고 있는 커다란 나무에 눈길이 갔다. 월나라에서 그 이름이 유래했다는 공원의 울창한 숲속 곳곳에서 중국인들이 한가로이 거니는 모습은 중국의 여느 공원과 다를 바 없었다. 그런데 쑨원이 광둥의 군벌이며 동지였던 천중밍의 공격을 받아 급박하게 탈출하던 그곳에서 신규식이 쑨원을 만나 대한민국임시정부의 승인을 요청했다는 사실과 마주하면서 가슴이 뛰기 시작했다.

그렇게 시작한 광저우 답사는 놀라움의 연속이었고, 가슴 벅찬 감동과 안타까움의 감정이 쉴 새 없이 교차하는 역사 현장 체험 그 자체였다.

1924년 국민당 제1차 전국대표대회가 열렸던 곳은 지금은 종루만 남은, 그리고 이름조차 '루쉰魯迅박물관'으로 바뀐 중산대학 강당이었다. 노란색 건물이 주는 인상은 강렬했다. 현관을 지나면 대회가 열렸던 강당으로 바로 들어갈 수 있다. 천장에는 국민당의 상징인 청천백일기가 만국기처럼 걸려 있고, 정면에는 쑨원을 비롯한 지도자들이 서 있었을 연단이 마주 보인다. 연단 아래에는 소박한 의자들이 줄지어 놓여 있는데 의자 뒷면에 그날 앉았던 인물들의 이름이 작은 종이 위에 적혀 있다.

눈길은 저절로 익숙한 이름을 찾아 이리저리 헤맨다. 왼쪽 앞줄 세 번째 의자 뒷면에서 발견한 이름은 '마오쩌둥'이다. 손때 묻고 가장자리가 닳고 해어진 이름표에서 필자뿐 아니라 이곳을 찾는 이들이 같은 관심을 가졌음을 알 수 있었다. 소박하게 꾸며진 이 자그마한 공간에서 중국의 국민당과 공산당은 반봉건 군벌타도라는 공동의 목표를 설정하고 소위 제1차 국공합작을 실현했다. 그 자리에는 공산당과 함께 국공합작을 제안하고 지원했던 소련의 코민테른 대표도 와 있었다. 1층

국민당 제1차 전국대표대회가 열렸던 중산대학 강당(현 루쉰박물관)

이 보이는 공연장처럼 만들어진 대회장 2층에서는 조선의 독립운동가 김원봉과 권준이 조선 독립의 희망을 품고 그들을 내려다보고 있었다.

대회에서는 두 가지 중요한 결정이 내려졌다. 공화국 건설을 위한 지식인과 관료 양성을 위한 대학의 설립과 장교 양성을 위한 군관학교 설립이었다. 두 가지 모두 미래를 향한 인재 양성이었고, 새로운 공화국 건설에 대한 열망이 모아진 결과였다. 공산당은 한 해 전에 열린 제3차 공산당대회에서 개인 자격으로 국민당에 입당해 통일전선을 취하는 국공합작 노선을 채택했다. 국민당 역시 그 같은 방침을 수용하고 제1차 전국대표대회에서 이 같은 중요한 결정을 이끌어 냈던 것이다.

그때 세워진 대학이 광둥대학이었다. 쑨원이 죽고 나서 그를 기념해 이름이 중산대학으로 바뀌었고, 현재에도 광저우를 대표하는 대학이 되었다. 이 대학에서는 루쉰과 같은 명망 있는 학자들을 초빙하여 인재를 양성했다. 현재 박물관 2층에는 루쉰이 묵었던 숙소와 그가 참여했던 회의가 열린 회의장을 보존해 놓았다.

또한 1층에는 중국국민당 제1차 전국대표대회와 루쉰에 관한 역사와 유물이 전시되어 있다. 전시물 중에 눈길을 끄는 것은 루쉰이 청년 학생들을 모아 놓고 판화 수업을 하는 장면을 입체적 조각으로 만들어 놓은 작품이다. 판화가 대중을 계몽하는 중요한 수단으로 강조되고 활용되던 시대상과 함께 근대사회를 향해 요동치는 중국의 모습이 느껴지는 듯해 인상적이다.

한편으로 당시 쑨원은 공화국을 유지시킬 무력의 필요성을 절감하고 있었다. 1911년의 신해혁명은 비록 성공했지만, 위안스카이의 반

중산대학 종루의 모습(1920년대)

2018년 현재 남아 있는 중산대학 종루의 모습. 루쉰박물관으로 사용되고 있다.

동으로 인해 물거품이 될 위기에 처했다. 그러나 쑨원에게는 그것을 극복할 힘이 없었다. 민중의 힘으로 권력을 갈아 치우고 역사적 대변혁을 이룩한 러시아의 혁명 소식은 쑨원에게도 큰 자극이 되었다. 공산당을 통한 코민테른의 군사적 지원 제안은 쑨원이 국공합작에 동의하는 결정적인 동력이 되기에 충분했다.

결국 코민테른의 지원으로 중국 근대 혁명과 한국 독립운동에 지대한 영향을 미치게 될 황푸군관학교가 문을 열었다. 교장은 장제스가 맡았다. 공산당의 저우언라이도 정치부 주임으로 참여했다. 코민테른은 물질적 지원뿐 아니라 인적 지원도 아끼지 않았다.

광저우에 온 한인 청년들

광저우에 혁명적 대학과 군관학교가 생겼다는 소식은 중국 전역으로 퍼져 나갔고, 전국에서 청년들이 광저우로 몰려들었다. 청년들은 학교에서 밤을 새워 토론했고, 군관학교에서는 함성이 끊이지 않았다. 광저우의 젖줄 주강 변에는 항공학교도 있었다. 그야말로 광저우는 청춘의 도시, 혁명의 도시였다.

광저우의 혁명 열기는 상하이의 임시정부에도 전해졌고, 한인 독립운동가들에게도 커다란 희망의 빛이 되었다. 베이징에서 의열단 활동을 하다가 상하이·난징 지역으로 활동 영역을 옮긴 김원봉金元鳳과 김성숙金星淑에게도 광저우는 새로운 희망의 도시였다. 알려진 바와 같이 쑨원은 중산대학과 황푸군관학교에 한인 학생들을 장학생으로 받아들이는 파격적인 지원을 제공했다.

김성숙은 이론가답게 중산대학을 선택했다. 그는 그곳에서 중국인 학생들과 함께 혁명과 학문에 대해 이야기했다. 한인 학생들과는 끊임없이 조국의 독립과 혁명에 대해 토론했다. 중산대학의 기숙사와 주강의 강변에서 연일 토론이 이어졌으며, 혁명의 열정은 꺼질 줄 몰랐다. 그와 함께 수많은 밤을 지새운 『아리랑』(님 웨일스)의 주인공 장지락(張志樂, 김산)은 혁명 투사답게 황푸군관학교를 선택했다.

중산대학에는 김성숙 외에도 이육사李陸史가 있었다. 황푸군관학교에는 김원봉과 의열단원을 비롯한 한인 학생들이 속속 입학했다. 게다가 임시정부에서 활약했던 손두환은 장제스의 참모로 참여하고 있었다. 항일 무장투쟁의 핵심인물이며, 북한 정권 수립 시 조만식을 이어 조선민주당 당수를 역임했던 최용건도 교관으로 참여하고 있었다. 비록 중국인에 비해 숫자는 적었지만, 참모와 교관·학생 등으로 한인들은 황푸군관학교에서 없어서는 안 될 존재들이었다.

현재의 황푸군관학교는 복원된 건물이다. 그 주변은 아직도 해군이 주둔하고 있는 군사보호지역이다. 황푸군관학교로 들어가는 입구에 늘어선 병사들의 아파트와 간간이 보이는 병사들을 통해 중국정부가 황푸군관학교를 얼마나 중요하게 생각하는지 짐작할 수 있다. 학교 정문에는 혁명은 아직 끝나지 않았다는 쑨원의 유언이 적혀 있다. 수많은 중국인들이 끊임없이 그 문을 드나들고 있었다. 우리 일행이 정문에 다다랐을 때, 마침 대형 공산당기를 든 중국인 가족이 기념 촬영을

하고 있었다. 그들은 황푸군관학교 앞에서 사회주의혁명을 생각하고
그 정신의 계승을 다짐하고 있었다.

스러져 간 한인 학생들

　학교에서 학문을 익히고, 군사훈련을 받으며 조국 독립을 위해
나설 수 있는 그날을 학수고대하던 한인 학생들에게 엉뚱한 시련이
닥쳤다. 황푸군관학교 교장을 거쳐 국민혁명군 총사령관을 맡고 있던
장제스가 국민당 좌파와 공산당의 공격으로 자신이 면직당하자, 이에
맞서 상하이에서 쿠데타를 일으킨 것이었다. 1927년 4월이었다. 함께
하기로 했던 혁명의 대의를 완수하기도 전에 장제스는 공산당의 집권
을 경계하여 공산당 지도자들을 닥치는 대로 학살했다. 황푸군관학교
구성원들도 예외는 아니었다. 광저우에도 쿠데타의 피바람이 불어닥
쳤다. 북벌의 성공으로 자신감을 얻은 장제스는 미래의 불안한 씨앗을
미리 없애 버리고 싶었을 것이다. 그러나 현실은 그의 바람과는 반대
로 진행되었다.
　공산당과 청년들이 저항의 깃발을 들어 올린 것이다. 광저우의 경
찰서와 교도소 등 주요 기관이 봉기군에 점령되었다. 광저우에 있던
한인 청년들도 장제스의 쿠데타에 분노하며 혁명에 뛰어들었다. 조국
의 독립과는 직접 관련이 없었지만, 수백 명의 한인 청년들이 그 전쟁
에 뛰어늘었다. 그들 중 일부는 사회주의에 대한 열망 때문에 전투에

1964년 광저우기의열사능원에 세워진 중조인민혈의정

참가했을 것이다. 그렇지만 한 가지 생각해야 할 것은 그들이 조국 독립을 위해서 중국혁명의 성공이 중요하다고 생각했다는 점이다. 제국주의 일본에 맞서 싸우기 위해서는 중국의 지원이 절대적이었는데, 봉건 왕조의 중국이나 제국주의 중국은 그런 지원을 할 가능성이 거의 없었기 때문이었다. 설사 지원하더라도 한국을 자신들의 지배하에 두려 할 것을 우려했다.

그러나 혁명은 오래가지 않았다. 반격에 나선 장제스는 순식간에 다시 광저우를 탈환했다. 도시의 길거리는 피로 물들었고, 곳곳에 시체가 널브러져 있었다. 봉기군은 후퇴하면서도 마지막 순간까지 저항을 멈추지 않았다. 그 마지막 전투였던 사허沙河전투에서 한인 청년 약

150명이 전사했다. 당시 전투에 참가했던 최용건은 1964년 북한 대표가 되어 다시 광저우를 방문했다. 이를 기념해 중국정부는 광저우기의 열사능원廣州起義烈士陵園 한쪽에 중조인민혈의정中朝人民誼亭을 세워 그날의 죽음들을 추모했다.

이 공원은 1955년 중국 당국이 광저우기의에 참가했던 이들을 추모하여 하나의 거대한 가묘를 만들고 입구 정면에 웅장한 기념 조형물을 건립해 조성했다. 중조인민혈의정 앞에는 잘 꾸며진 정원이 있고 금붕어들이 서로 경쟁이라도 하듯 아름다움을 뽐내고 있다. 공원 곳곳에서는 시민들이 중국 특유의 체조와 가무를 즐기고 있고 다른 한편에서는 끊임없이 기악을 연주하고 있다. 물통을 이용해 만든 기발한 모양의 붓을 들고 끝없이 한시를 적어 나가는 노인도 보인다. 중국 인민들의 여유로운 삶의 모습과 당시의 치열했던 전투와 기념비가 교차되면서 낯선 방문객들을 상념에 젖게 한다.

혁명과 사랑은 주강의 물결 따라 흐르고

광저우에는 사몐沙面이라는 섬이 있다. 주강의 물줄기가 양쪽으로 갈라지면서 만들어 놓은 작은 섬이다. 서울로 치자면 여의도 같은 곳이다. 이곳은 프랑스, 영국 등 외국인에 의해 만들어진 곳이고 그들이 사는 조계지였다. 그들은 각각 자기 나라의 양식으로 건물들을 지어 놓고 그 지역을 특화시켰다. 중국 곳곳의 외국인 거주 지역과 마찬가지로 그 입구에는 '중국인과 개는 출입금지'라는 푯말이 나붙었다. 지금도 당시의 건물들이 그대로 남아 그 시대를 증언하고 있다.

사멘에는 옛 건물을 이용한 예쁜 가게와 커피숍들이 줄지어 서 있다. 광저우시 당국은 길거리 곳곳에 당시의 풍경을 재현한 조각들을 만들어 이국적인 풍경을 더했다. 중국인들과 관광객들은 강변의 아름다운 풍광과 함께 차와 맥주를 마시며 고단한 하루의 피로를 풀며 달콤한 휴식을 즐긴다. 행복한 표정의 중국인들에게서 지난날의 수치와 아픔을 극복한 중국의 힘이 느껴진다.

바로 그 강변에서 김성숙은 연인 두쥔후이杜君慧와 함께 서로의 사랑을 확인하며 혁명에 대해 이야기했다. 중산대학에서 만난 두 사람은 김성숙의 불안한 처지에도 불구하고 사랑에 빠졌다. 김성숙은 조국에 처자를 두고 온 처지였다. 기약 없는 미래와 궁핍한 생활을 독립과 혁명에 대한 열정만으로 견뎌 내기는 힘들었던 모양이다. 두 사람은 세 명의 아들을 두었다. 해방이 되고 김성숙은 환국하면서 부인과 아이들을 두고 떠났다. 다시 찾으러 오겠다는 말은 지키지 못한 약속이 되었고, 김성숙은 한국에서도 궁핍한 생활을 면하지 못한 채 쓸쓸한 마지막을 보내고 말았다.

해방 후 한국 정치에서 김성숙이 홀대를 받은 것은 그가 임시정부에 참여하면서도, 언제나 좌우의 통합을 추구했고 자신의 진보적 신념을 버리지 않았기 때문이었다. 임시정부는 중국에서 활동하는 동안 여러 차례 좌우 통합을 시도했지만, 그때마다 노선의 일치는 고사하고 형식적인 통합조차 이루지 못했다. 1939년 충칭에 다다른 후에야 우파 통합을 이루어 냈고, 1942년이 되어서야 김원봉과 김성숙 등이 임시정부에 합류하면서 일부 좌우파통합이 이루어졌다. 그렇지만 연안이나 만주, 러시아 등의 독립운동 세력들과는 끝끝내 통합을 이루어 내지 못했다. 임시정부의 그 같은 한계는 미국이나 연합국 소속 국가들이 임시정부를 승인하지 않는 결정적 원인이 되기도 했다.

환국 후에도 임시정부는 결국 통합의 중심에 서지 못했다. 각지에서 돌아온 독립운동 세력들과 국내의 정치 세력들은 이미 제각기 나름의 지지 기반을 가지고 있었고, 쉽사리 자신의 정치 노선을 포기하지 않았다. 독립운동의 절박한 순간에도 통합보다는 분열을 택하기 일쑤였다. 어쩌면 독자적인 운동을 해 왔기 때문에 독립된 조국에서 자신의 노선을 버리기는 쉽지 않았을 것이다. 역설적이게도 아집에 가까운 자신의 고집을 끈질기게 지켜 왔기에 그나마 살아남고 세력을 유지할 수 있었다고 해도 과언이 아닐 것이다. 그런 상황에서 김성숙처럼 통합과 통일된 조국에 대한 꿈을 버리지 못했던 이들이 설 수 있는 자리는 너무나도 협소하였다. 김성숙이 그나마 건국훈장 독립장을 받은 것은 1982년이었다. 그의 중국 부인 두쥔후이는 그 한 해 전에 세상을 떠났다. 다행이라면 2016년 두쥔후이가 건국훈장 애족장을 받은 일일 것이다.

김성숙의 열망은 분단의 마지막 순간에야 겨우 실낱 같은 희망을 담은 남북협상으로 약간이나마 실현되었다. 김구와 김규식이 북의 지도자들에게 협상을 제의해 남북협상이 성사되었지만, 너무나도 때늦어 안타까운 여운을 남기는 역사가 되고 말았다.

말없이 흐르는 주강은 한반도의 안타까운 역사를 아는지 모르는지,

조선의 청년들이 꿈꾸던 해방조국의 꿈을 아는지 모르는지 묵묵히 흐를 뿐이다. 주강의 아름다운 강변을 산책하는, 분단 한반도에서 온 방문객은 헛헛한 마음 가눌 길 없다. 고층 빌딩 숲을 넘나드는 화려한 조명 쇼가 펼쳐지는 유람선 위에서 소리 없이 맥주를 들이켤 뿐이다.

승리의 감격이 가득했던 성리빈관

사멘은 큰 주강과 샛강에 면해 있다. 그 샛강 가운데쯤에 두 개의 빅토리아 호텔, 성리빈관(勝利賓館, 승리빈관)이 있다. 하나는 샛강에 면해 있고, 다른 하나는 주강 쪽으로 난 길의 입구에 있다. 이 둘 중 한 곳에서 1946년 한인들의 귀환을 축하하는 송별회가 열렸다. 둘 중 어느 곳인지 아직 명확하게 확인되지는 않았지만, 위치나 호텔 내부의 사진 등으로 미루어 볼 때 샛강 쪽에 면한 성리빈관일 것으로 추정된다.

호텔로 들어서면 넓은 로비가 있다. 로비에는 원래 분수대가 있었는데 1993년 개축하면서 철거되었다. 로비 벽면에는 1920년대와 1930년대 호텔의 모습이 담긴 사진들이 전시되어 있다.

1925년 중국공산당은 황푸군관학교 학생들을 중심으로 반제국주의 시위를 벌였고, 제국주의 열강의 국민들이 모여 사는 사멘 지구에서 시위를 벌였다. 시위대가 이 호텔에 다가왔을 때, 호텔 옥상에서 사격이 가해졌다. 이 총격으로 20여 명이 사망했다. 시위에는 당연히 한인들도 참여했을 것인데, 사망자 중에 한인이 있었는지는 밝혀지지 않았다.

1945년 일본이 항복하자 한인들은 스스로 조직을 만들고 귀국 준비를 시작했다. 임시정부에서도 귀국 지원과 광복군 확군을 위한 활동을 개시했다. 그 같은 사업을 위해 최덕신崔德新이 파견되었다. 그는 임시정부 사법부장 등을 역임한 최동오崔東旿의 아들로, 신일군(新一軍, 일본군의 항복을 받기 위해 광저우·하이난도 일대에 조직되었던 중국군 제2방면군 산하 부대) 제38사 고급 참모 신분이었다. 그는 한인 교민과 사병의 관리 책임을 맡았다. 숙소와 식량을 마련하고 징병 군인들의 훈련과 관리를 담당하며 한인과 일본인을 분리하는 것 등이 그의 임무였다.

한편, 1945년 10월 16일 광저우시의 한인 유력자들은 광저우시 한교협회를 조직했다. 사몐의 신칭녠다주뎬新靑年大酒店 2층 강당에서 광

1930년대 주강의 모습

저우시 한교협회 성립대회를 개최하고 사멘 중싱中興로 3호에 임시 사무실을 두었다. 이 건물에는 현재 1층에는 결혼사진 전문점이 들어와 있고, 2층은 광저우시 중국인민정부가 사용하고 있다.

한교협회는 한인들의 생계유지와 조속 귀환을 위한 활동을 했다. 당시 귀국을 위해 광저우로 모여든 사람들은 민간 가옥을 구해 집단생활을 하는 형편이었다. 당시 광저우시 거주 한인은 400명 내외로 추정된다. 그중 상당수는 여성으로 술집 작부 또는 일본군 '위안부'였다.

그 외에 유력자들이 있었는데 그들은 위안소를 경영하거나, 일본인을 상대로 한 여관·식당·식품잡화점 등을 운영하던 이들이었다. 한교협회를 주도하는 이들도 그들이었다.

오늘날 주강의 모습

당시 임시정부는 한인 청년들을 모아 광복군을 늘리는 데 주로 관심을 두었다. 2000여 명의 사병으로 광복군 제6지대를 조직하려는 구상을 가지고 있었는데, 그 재정을 각지의 한교협회로부터 얻어 광복군을 훈련시킨다는 계획이었다. 광저우에서는 그 담당자가 최덕신이었다. 1945년 12월 최덕신은 광저우로 모여든 한인 청년들을 중심으로 약 1500명의 '한적사병집훈총대韓籍士兵集訓總隊'를 조직하였고 한교협회로부터 재정 지원을 받았다.

사정이 이렇다 보니 친일부역 혐의나 위안소 경영에 대한 책임은 그 누구도 말을 꺼낼 수 없는 분위기였다. 오히려 그들은 일본군 '위안부' 여성들을 보호한다며 생색을 내는 상황이었다. 이런 상황 속에서 일본인들의 송환이 완료된 1946년 4월 초가 되어서야 한인들에 대한 귀국이 본격 추진되었다. 귀국일은 4월 23일로 최종 확정되었다. 귀환일이 확정되자 광저우시 한교협회와 한적사병집훈총대는 4월 20일 오후 2시에 사멘의 성리빈관에서 송별회를 개최했다. 광둥성과 광저우시 정부는 적극적인 지원을 했고, 정부 인사들과 언론계 인사들이 송별회에 참석했다.

최덕신은 김구의 지시에 따라 교민 1141명, 사병 1968명을 이끌고 귀국길에 올랐다. 그들은 4월 22일 황푸나루에 집결한 후 후먼虎門으로 이동해 그곳에서 미국 선박에 탑승했다. 24일 마침내 출항해 5월 1일 부산항에 도착했다. 그런데 그들이 배에서 내린 것은 5월 20일이었다. 고국에 도착했지만 배에서 내리는 것조차 마음대로 할 수 없던 것이 당시 귀환자들의 처지였다. 그렇게 그들은 험난한 앞날을 직감해야 했다.

성리빈관의 모습(1930년대)

성리빈관(현재)

중국혁명의 와중에 스러지다

심지연

광저우 황푸 강변
학생묘지

3·1운동 이래 국내에서의 항일 투쟁이 일제의 탄압으로 어려워지면서 수많은 애국지사와 청년들이 중국으로 망명길에 올랐다. 이들의 일차적인 목적지는 임시정부가 있는 상하이이었지만, 광둥성의 성도 광저우 역시 이들이 선호하는 지역 가운데 하나였다. 광저우가 중국을 근대화로 이끈 신해혁명의 산파역을 한 쑨원의 활동 근거지였을 뿐만 아니라, 일제의 영향이 아직 미치지 못하는 지역이었기 때문이다. 그리고 현대식 군사훈련을 가르치는 군관학교가 건립되어 학생들을 모집하고 있었기에 더욱 그러했다.

황푸군관학교, 중국 최초의 현대식 군사학교

김구가 대한민국임시정부의 내무총장으로 노동국총판을 겸임하며 상하이에서 독립운동에 열중하던 무렵인 1924년 6월 16일, 광저우 황푸黃埔 강변에 중국 최초의 현대식 군사학교가 건립되었다. 정식 명칭은 '중국국민당육군군관학교'지만 황푸에 위치하고 있어 '황푸군관학교'로 불렸는데, 한국의 많은 청년들이 군사훈련의 필요성을 절감하고 황푸군관학교에 입교했다. 일제에 맞서 독립을 쟁취하기 위해서는 무엇보다도 군사력의 양성이 필요하다는 것을 깨달은 결과였다. 일제로부터의 해방은 평화적인 시위만으로는 얻을 수 없다는 것이 내외적으로 입증되었기 때문이다.

황푸에 군관학교가 문을 연 1924년부터 학교가 해체된 1931년까지 재학했던 한인 생도들이 김원봉을 비롯하여 200명이 넘는 것을 보아도 이를 알 수 있다. 항일 정신이 투철한 한국의 청년들이 언젠가는 무기를 들고 고국으로 진격해 들어가 일제를 몰아낼 것이라는 희망을 안고 중국 청년들과 함께 고된 군사훈련을 견디며 지내던 지역이 광저우였다. 바로 이러한 배경이 후일 임시정부가 이곳을 근거지로 활동하려 했던 이유가 되었을 것이다.

황푸군관학교 생도들은 당시 각 지역 군벌의 할거 및 국민당과 공산당의 대립과 갈등 등 극도로 혼란스러운 정세 속에서 발생한 여러 차례의 크고 작은 전투에 투입되었다. 군벌을 타도하기 위해 대대적인 북벌을 준비한 쑨원의 조치에 불만을 품은 광둥성 군총사령관 천중밍이 일으킨 반란을 토벌하기 위해 장제스가 벌인 전투를 중국에서는 '동정東征'이라고 부르는데, 이 전투에서 전사한 군인들을 안장한 묘역이 '동정진망열사기념방東征陣亡烈士紀念坊'이다. 현재 광저우시 황푸구 창저우다오長洲島 완쑹링萬松嶺에 있는 동정진망열사기념방에는 한인 생도 김근제金瑾濟와 안태安台가 잠들어 있다.

———
황푸군관학교 한인 생도 묘지가 있는 동정진망열사기념방 정문

스러져 간 황푸군관학교 한인 생도의 흔적

　원래 군관학교 생도들의 무덤은 완쑹링 산기슭 여기저기에 산재해 있었다. 이로 인해 세월이 지나감에 따라 관리에 어려움을 느낀 당국이 관리가 소홀해져 비석이 유실되고 부서질 우려가 있다는 판단에서 1984년 한곳에 안치했다. 이들 66명 생도의 비석들은 기념 묘역 가장 안쪽에 위치해 있는데, 사진에 나와 있는 것처럼 한 열에 11기씩 6열로 배열해 놓았다. 1984년에 이어 1991년에 묘역 전체를 다시 정비하면서 학생 묘지도 손을 본 것으로 안내판에는 쓰여 있다.

　묘역 앞에서 셋째 줄 왼쪽에서 네 번째에 있는 김근제의 비석 앞면에는 "한국인 제2학생 김근제지묘韓國人第二學生金瑾濟之墓"라고 붉은 글씨로 쓰여 있는데, 세월이 지난 탓인지 붉은빛만 희미하게 남아 있다. 넷째 줄 왼쪽에서 세 번째에 있는 안태의 비석 한가운데에는 "안태동지安台同志"라는 네 글자가 있고 그 바로 오른쪽에 '동지'라는 글자와 같은 높이로 "심춘心春"이라는 글자가 보이는데, 이는 별명이나 아호라고 간주된다. 비석 제일 오른쪽에 "한국韓國 괴산槐山"이라고 적혀 있고 비석의 왼쪽에는 "민국 16년 11월 9일民國十六年十一月九日"이라고 적혀 있다. 안태는 충북 괴산 출신으로 1927년 11월 9일 사망한 것으로 추측된다.

　황푸군관학교 한인 생도 2명의 일생을 알 수 있는 단서는 이것뿐이다. 비석 뒷면에 있을 것으로 추측되는 개인 신상에 대한 기록은 1984년 묘지를 정비하면서 비석을 지탱하기 위해 뒷면을 시멘트로 발라버렸기 때문에 아무것도 남아 있지 않다. 이들의 이름이 기록되어 있

한인 생도 김근제의 묘비

한인 생도 안태의 묘비

는 유일한 자료는 황푸군관학교의 학생과 교직원 명부인『황푸군관학교동학록黃埔軍官學校同學錄』으로 6기 명단과 함께 나오는 "사망동학死亡同學" 명단에 재학 중 사망한 34명의 명단이 나오며, 여기에 김근제와 안태도 실려 있다. "김근제, 연령 23, 본적 한국" "안태, 연령 28, 본적, 한국 충청도" 등의 기록뿐이다.

  이역만리 중국 땅에서 조국의 해방을 위해 고된 훈련도 마다하지 않던 이들이 중국에서 전개된 반군벌 전투에 참가했다가 유명을 달리하는 바람에 이곳에 잠들게 된 것이다. 당시 중국에 있던 많은 애국지사들이 중국혁명의 완수가 곧 한국의 해방과 독립이라는 생각에서 중국에서의 혁명 투쟁에 기꺼이 참가했다. 그리고 중국의 항일전 승리가 곧 한국의 승리라는 생각을 가진 전형적인 인물이 김근제와 안태라고 할 수 있다.

이들의 존재는 전혀 알려지지 않다가 2010년 여름 광저우 총영사관에 근무하던 강정애姜貞愛 박사 부부가 황푸군관학교 뒷산을 답사하고 내려오던 길에 처음 발견하여 세상에 드러나게 되었다. 강 박사의 부군이 학생묘지를 살펴보다가 우연히 한 묘비에 "한국인韓國人"이라고 쓰인 글자를 보고 강 박사에게 알려 비로소 이들의 존재가 널리 알려지게 된 것이다. 이 글자를 보는 순간 강 박사는 "내가 여기 있노라고 말하면서 두 분이 나를 붙잡는 것 같았다"고 당시를 술회했다.

이들의 존재를 세상에 알리지 않고는 눈을 감을 수 없겠다는 생각에서 강 박사는 광저우총영사관에 보고를 했고, 이 보고가 단서가 되어 수소문 3년 만에 김근제의 후손을 찾을 수 있었다. 그러나 안태의 후손은 아직도 찾지 못해 아쉬움을 주고 있다. 머나먼 이국땅에서 찾는 이 없이 쓸쓸히 있을 우리의 애국선열들이 한두 분이 아닐 것이다. 그러나 황푸군관학교 생도의 신분으로 중국에서의 혁명 전투에 참가했다가 유명을 달리하여 황푸 강변에 잠들어 있는 두 분을 두고 차마 발길을 돌릴 수 없었던 사람도 비단 필자만은 아닐 것이다.

황푸군관학교 학생묘지 전경

황푸군관학교 내부(일본의 공습으로 전소된 것을 1986년 복원)

포산 임시정부
가족 거주지

불안한 미래와 다급한 피난길

심지연

1938년 7월 초 일본군은 양쯔강을 따라 서쪽으로 진군을 계속하여 마침내는 안후이성과 후베이성, 장시성 경계에까지 진출했다. 당시 임시정부가 피난해 있던 창사 지척까지 일본군이 진격해 오자 임시정부는 결국 창사를 떠나기로 결정했고, 이와 같은 결정에 따라 임정 가족들은 중국정부의 도움으로 1938년 7월 17일 광저우로 가는 기차 한 칸에 몸을 실을 수 있었다. 사흘 만에 광저우에 도착한 임시정부는 이곳에서 상당 기간 체류할 것을 예상하고, 연락처만 시내에 남겨 두고 가족들은 광저우에서 서쪽으로 25킬로미터 정도 떨어진 포산으로 옮기도록 했다. 광저우가 대도시였기에 물가가 비싸 생활비가 많이 들었을 뿐만 아니라, 거의 매일 있다시피 한 일본군의 공습을 피하기 위해서였다.

하루하루를 불안 속에서 보내며

포산에서 임시정부 가족들은 각각 민가에 방을 얻어 흩어져 지냈는데, 임시정부도 1938년 9월 19일에는 포산에서 오래 있을 예정으로 제법 큰 집인 푸칭팡福慶坊 28호(현재는 32호로 주소가 바뀌었다) 한 채를 세내어 청사로 사용했다. 이 집에서 이동녕, 이시영, 송병조, 차리석 등 딸린 식구들이 없는 단신의 국무위원들이 지내면서 사무를 보았고, 이들의 살림을 보살피기 위해 김의한·정정화 부부 가족이 함께 살았다. 이 집은 벽이 두껍고 지붕에 '톈창天窓'이라 부르는 창문이 있어 통풍이 잘되어 서늘했기에 덥고 습한 열대지방이었지만 광저우에서보다는 지내기가 비교적 수월했던 것으로 알려졌다.

임시정부가 세들어 살던 푸칭팡의 가옥들은 청나라 시대에 지은 건물로 2층짜리 주택들이 벽을 맞대고 늘어선 거리에 위치해 있었다. 1층과 2층이 별도의 집으로 1층 입구는 사진에서 보는 것처럼 통풍이 잘되도록 둥근 나무 막대 여러 개를 가로로 엮어 대문으로 사용했다. 2층의 경우 두 집이 계단을 마주 보게 되어 있고 통풍을 위해 지붕에 큰 창을 낸 것이 특징이라고 할 수 있다.

더운 지방이기에 열기를 차단하기 위해 벽을 두껍게 하고 대문이나

푸칭팡 28번지 가옥이 32번지로 바뀌었다.

왼쪽부터 푸칭팡 골목, 1층 입구의 모습, 천정에 난 창

지붕을 바람이 잘 통하는 구조로 만든 것이다. 현재 이 거리의 집들은 중국정부가 '문물보호단위'로 지정해 놓아서 개발을 하거나 구조를 변경할 수 없게 되어 있다. 이 덕분에 우리는 옛 모습 그대로 보존하고 있는 몇 안 되는 임시정부 유적을 마주할 수 있게 되었다.

포산에서 임정 가족들의 생활은 그동안 누려 왔던 삶과는 거리가 멀었다. 타국이라고는 하지만 그전까지만 해도 일자리가 있어 여유롭지는 않았으나 끼니 걱정은 그럭저럭 면할 수 있었다. 그러나 포산에서는 일자리를 전혀 구할 수 없었다. 수입이 없어 먹을 것과 입을 것에 늘 신경을 써야 했는데, 그나마 임시정부가 가족 수에 맞춰 생활비를 나누어 주었기에 간신히 기본적인 생계는 이어 갈 수 있었다.

그렇지만 언제 또다시 피난을 가야 할지 몰라 늘 짐을 쌀 준비를 하며 하루하루를 불안 속에서 보냈다. 이러한 불안은 오래지 않아 현실로 다가왔는데, 중국 해안을 봉쇄하고 있던 일본군이 10월 초 광둥성에 상륙했기 때문이다. 광저우 함락이 눈앞에 닥친 상황에서 더 이상 포산에 머무를 수 없어, 임시정부는 짐을 꾸려 일단 싼수이三水로 피난을 가게 되었다. 정정화는 당시의 상황을『장강일기』에서 다음과 같이 묘사했다.

우리는 서둘러 역으로 나갔다. 역은 피난민들로 인산인해였다. 우리가 역에 도착하자마자 일본군의 기관총 쏘는 소리가 들리기 시작했고, 그 소리에 놀란 시민들은 서로 먼저 기차를 타려고 아우성을 치며 기차 쪽으로 몰렸다. 그러나 기차가 부족하여 그 많은 피난민들을 다

태울 수는 없었고, 특별히 허가를 받아야 했다.

　당시 포산에서 싼수이까지 기차로 7시간 가까이 걸리는 긴 여정이 었는데, 이제는 시간이 18분밖에 걸리지 않는 것을 볼 때 세월의 무상 함만을 느낄 뿐이다. 기차를 타기 위해 임정 가족들이 수많은 인파를 헤치며 밤을 새웠던 포산역 역사는 현대식 건물로 바뀌어 예전의 흔적을 찾을 길이 없고, 싼수이역 역시 고속열차가 다니는 역사에 걸맞게 새롭게 단장해 놓았다. 1938년 10월, 광저우위수사령부가 발행한 특별허가서로 초조와 불안 끝에 객차 한 칸에 간신히 몸을 실었던 그 철길에 수시로 고속열차가 달리고 있는 사실을 그때의 그분들은 알고 계실지 궁금할 뿐이다.

싼수이역과 광장

피난길
임시정부 가족들의

심지연

중일전쟁 발발 이후 일본군에 의해 상하이가 함락되고, 이어 난징마저 함락될 위험에 처하자 중국 국민당 정부는 전시 수도를 충칭으로 옮겨 장기전에 대비했다. 그러나 당시 창사에 피난해 있던 대한민국임시정부는 국민당 정부를 따라가지 않고 광저우로 가기로 했다. 임시정부가 광저우를 택한 것은 그곳이 중·일전선과 멀리 떨어져 있어 비교적 안전한 지역이라고 생각한 데다가, 위급할 경우 가까운 홍콩이나 프랑스령 베트남으로 이전하는 방안을 고려했기 때문이다. 임시정부가 상하이 망명 시절 프랑스 조계에서 프랑스의 보호를 받았던 것도 어느 정도 영향을 미쳤으리라고 생각된다. 광저우에 자리를 잡은 임시정부는 상당 기간 체류할 것을 예상하였는데 이 예상은 곧 빗나가고 말았다. 1938년 10월 11일 광둥성 동남 해안에 상륙한 일본군이 광저우시로 빠르게 진격해 들어왔기 때문이다.

아수라장이 된 포산역

김구는 임시정부의 광저우 이전에 중국정부가 도움을 줄 것을 요청했는데, 김구의 협조 요청을 받은 장제스 주석은 객차 한 칸을 무료로 내주었다. 그리고 광둥성장 우톄청吳鐵城에게 친필 서신을 보내 임시정부 일행의 광저우 이동에 편의를 보아줄 것을 당부했다. 중국 측의 배려로 임시정부 일행은 1938년 7월 17일 광저우로 가는 기차를 탈 수 있었는데, 임시정부 요인과 가족들을 합해 100여 명이나 되는 인원이 함께 움직이려니 어려운 점이 한두 가지가 아니었다. 한여름의 찌는 듯한 더위에 좁은 열차 안에서 100여 명이 복작거렸기 때문이다.

창사를 떠난 지 사흘 만에 광저우에 도착한 일행은, 먼저 도착한 선발대의 주선으로 둥산 보위안에 임시정부청사를 마련하고, 가족들은 지금은 없어진 야시야뤼관에 묵게 되었다. 광저우에 자리를 잡은 임시정부는 임시정부 가족들의 거처를 서쪽으로 25킬로미터 정도 떨어져 있는 포산으로 옮기도록 했다. 대도시인 광저우보다 생활비가 덜 들고, 광저우에 거의 매일 있다시피 한 일본군의 공습을 피하기 위해서였다. 광저우가 위협을 받게 되자 김구와 임시정부 요인들은 두 달 만에 다시 창사로 거처를 옮겼다가 중국국민당 정부가 있는 충칭으로 철수했다. 한편 포산에 있는 가족들은 일단 싼수이로 가서, 거기서 주강을 거슬러 서쪽으로 피난을 가기로 했으나 교통편이 문제였다. 모든 교통수단을 정부가 통제했기 때문이었다. 다행히 임시정부는 광둥성 정부의 호의로 광저우위수사령부로부터 객차 한 칸을 배정받을 수 있었다. 임시정부는 광저우와 포산에 산재해 있던 가족들에게 짐을 꾸려 포산역에 집결하도록 했으나, 탑승에 필요한 서류와 비용이 자정이 넘도록 도착하지 않아 모두들 애를 태우기도 했다. 일본군의 침공을 피해 수백만 명의 주민들이 일시에 광저우를 빠져나오는 대혼란 속에서 광둥성 정부가 발급한 서류가 늦게 도착할 수밖에 없었기 때문이다.

피난민들로 아수라장이 된 포산역에서 100여 명의 임시정부 가족들은 수많은 인파를 뚫고 배정받은 객차 한 칸에 간신히 몸을 실었다. 이들이 떠날 무렵 일본군은 이미 포산 시내로 진입하고 있었기에 조금만 머뭇거렸더라면 일본군의 포로가 될 상황이었다. 1938년 10월 19일 새벽 3시 30분 객차 안에서 옴짝달싹도 할 수 없는 채로 포산을 출발하여 오전 10시 싼수이역 부근에 도착했다. 이때 일본군의 공습이 다시 시작되었다. 이로 인해 기차가 멈추었고 일행은 기차에서 내려 근처 밭으로 몸을 숨겨 목숨을 구하기도 했다.

류저우로 가는 길

    쌴수이에 도착한 일행이 최종 목적지인 충칭으로 가기 위해서는 일단 류저우柳州를 거쳐야 했고, 류저우까지 가려면 배로 주강을 거슬러 올라가는 수로를 이용해야 했다. 강 옆으로 도로가 있기는 하나 포장이 되지 않아 도로를 이용할 경우 훨씬 불편하고 시간도 더 많이 걸리기 때문이었다. 임시정부 가족은 10월 20일 쌴수이에서 목선 하나를 세내었다. 100여 명이 넘는 대식구가 목선을 타고, 배 안에서 먹고 자는 것을 해결해야 했기에 고생은 이루 말할 수 없었다. 중도에 인원이 늘어 더 큰 목선을 빌렸는데, 물살이 거세어 목선 자체의 힘만으로는 강을 거슬러 올라갈 수가 없어 예인선의 힘을 빌려야만 했다. 기선에 줄을 연결해 기선이 목선을 끌고 가야 하는 형편이었다.

  임시정부 가족 일행 100여 명이 광시성 류저우에 도착한 것은 목선을 타고 쌴수이를 떠난 지 40일 만인 1938년 11월 30일 오전 9시경이었다. 그동안 목선에서의 생활은 고난의 연속이었다. 태평천국혁명의 발상지인 구이핑桂平에서는 목선을 끌어 주던 기선이 달아나는 바람에 발이 묶여 별도의 기선을 수배해야만 했고, 물살이 거센 곳에서는 선원들이 밧줄로 목선을 끌고 가야만 했다. 선원들이 배를 끌고 가는 모습을 그린 판화가 광저우 루쉰기념관에 전시되어 있어 당시의 상황을 짐작케 하고 있는데, 이러다 보니 빤히 보이는 여울 한 곳을 넘는데 하루 종일 걸리기도 했다.

  가는 도중 배가 잠시 정박할 때면 식사 준비를 위해 뭍으로 올라가서 반찬거리가 될 만한 것을 구해 오는 것도 큰일이었다. 시장에서 말이 제대로 통하지 않아 일본인 첩자로 오인을 받으면서 경찰의 취조를 받는 일도 발생했기 때문이다. 또한 좁은 목선에서 단조로운 생활을 하다 보니 일행들끼리 시비와 싸움이 잦은 것도 참기 어려운 고통이었다. 이러다 보니 선상 생활의 지루함을 달래기 위해 배가 대나무밭 근처에 멈췄을 때 아낙네들이 대나무를 꺾어 칼로 대바늘을 만들어 뜨개질을 하기도 했다. 배를 타고 가는 동안 틈이 날 때마다 대바늘로 뜨개질을 했는데, 심지어는 중국에서의 생활이 끝날 때까지 뜨개질을 하다가 일제가 망했다는 소식을 듣고서야 비로소 뜨개질을 멈춘 경우도 있었다.

온갖 고난을 겪으며 보냈던 선상에서의 생활이 류저우 도착으로 비로소 끝이 났다. 그러나 피난 여정이 모두 끝난 것은 아니었다. 1932년 5월 상하이를 탈출한 후 자싱과 난징, 창사, 광저우를 거쳐 6년 6개월 만에 류저우에 도착했지만, 도착하자마자 공습경보가 울려 모두들 숨을 죽이고 불안에 떨어야 했기 때문이다. 경보는 오후 2시가 되어서야 해제되어 그때부터 짐을 옮기기 시작했는데, 이는 최종 목적지인 충칭으로 가는 길 또한 만만치 않을 것임을 예고하는 것이기도 했다.

류저우에도 일본군의 공습은 여러 차례 있었다. 공습경보가 울리면 사람들은 근교 공동묘지에 파 놓은 방공호로 피신하거나, 주변에 널려 있는 천연 동굴에 들어가 공습을 피했다. 천연 동굴의 단점은 입구가 폭격을 맞으면 그대로 무덤이 되는 것이어서 참혹하기 짝이 없었다. 그렇지만 일단 공습경보가 울리면 류저우 주민들에게는 다른 선택이

일본군의 공습을 피했던 류저우 위펑산의 석회암 동굴

동굴에서 일본군의 공습을 피하는 모습(그림)

없었다. 임시정부 가족들도 선택이 없기는 마찬가지였다. 동굴이 위험하다고 하여 숲속이나 나무 밑에 은신하고 있던 주민들은 저공비행에 따른 기관총 난사로 죽음을 면치 못했기 때문이다.

임시정부 일행 중 한 가족은 공습경보 사이렌이 울려 근처 동굴로 갔다가 발을 디딜 틈도 없이 만원이었고 먼저 피신해 있던 사람들이 들어오지 못하게 하는 바람에 하는 수 없이 인근 5호 동굴로 들어가 공습을 피한 적이 있었다. 이들이 동굴로 들어가자마자 일본군의 폭격이 시작되었는데, 공습이 해제되어 나와 보니 자신들이 피한 5호 동굴이외에는 모두 다 폭격에 파괴되어 차마 눈뜨고 볼 수 없는 광경이 벌어져 있었다. 천우신조天佑神助로 목숨을 구했다고밖에는 달리 표현할 길이 없었다. 한차례 공습이 끝나고 나면 임시정부 가족들은 서로 안부를 묻기 바빴는데, 다행히 공습의 피해를 입지 않아 크게 안도를 하곤 했다.

기나긴 피난길의 종착지

임시정부 가족들의 류저우 도착 사실을 안 김구는 이들이 충칭으로 올 수 있도록 중국정부 당국자들을 만나 도와줄 것을 적극 요청했다. 그러나 중국정부도 사정이 딱하기는 마찬가지였다. 전쟁 수행용 군수품 수송에 필요한 차량도 많이 부족한 실정이어서 임시정부 가족들의 이동에 차량을 제공할 형편이 못 되었기 때문이다. 이러한 상황에서도 김구는 중국국민당 본부와 중국 교통부에 여러 차례 교섭을 시도했고 그 결과 차량 여섯 대와 여비를 조달받을 수 있었다. 임시정부 가족 일행이 류저우에서 발이 묶인 지 여섯 달 만에 성사된 일이었다.

1939년 4월 초순, 구름 한 점 없이 맑은 날 충칭에서 온 버스 여섯 대가 류저우에 도착했다. 중국국민당 교통부 소속으로 김구가 국민당 정부와 협의하여 파견된 버스였다. 버스 정류장에는 임시정부 가족들을 환송하는 류저우 당·정 기관의 대표들도 있었고, 함께 전투한 중국 각 구국 단체의 동지들도 있었고, 같이 생활했던 이웃들도 있었다. 오후 1시 반, 임시정부 가족을 태운 버스들은 시동을 걸어 전송하는 사람들을 뒤에 두고 류저우를 떠났다.

버스는 광시廣西성을 출발하여 구이저우貴州성을 가로질러 쓰촨四川성을 향했는데, 험한 산악 지대가 앞을 가로막고 있었다. 류저우까지 왔던 뱃길 못지않게 힘들고 위험한 길이었다. 불과 반년 전 목선을 청사로 쓰면서 거센 강물 위에 떠 있다가, 이제는 버스 여섯 대에 나누어 타고 중국 대륙의 험준한 산길을 누비는 신세가 되었다.

류저우에서 구이저우성의 수도인 구이양貴陽까지는 600~700킬로미터에 불과했지만 일행은 떠난 지 열흘 만에야 구이양에 도착할 수 있었다. 중간중간에 서 있는 험준한 산을 넘어가는 데 서너 시간부터 반나절까지 걸리는 때도 있었고, 어떤 곳에서는 꼬박 하루를 잡아먹는 경우도 있었다. 도로 사정이 나쁜 것도 한몫했지만, 전시 중 중국정부가 특별히 배려해서 내준 버스도 상태가 좋지 않아 고장 나기 일쑤였다.

구이양에 도착한 일행이 사흘을 더 지체하는 일도 있었다. 버스 지연 등으로 인해 비용이 모자라 충칭에서 돈을 보내올 때까지 기다려야만 했던 것이다. 다행히 일행 중에 갖고 있던 비상금을 선뜻 내놓는 가족이 있어 가까스로 다시 출발할 수 있었다. 구이양을 떠나 치장綦江으로 가는 도중 임시정부 가족들은 그 유명한 쭌이遵義를 지나기도 했다. 이곳은 1935년 1월 대장정 중이던 중국공산당이 지도권을 마오쩌둥에 귀속시키는 회합을 한 장소였다. 일행이 구이양을 출발해 500킬로미터를 더 달려 쓰촨성 남쪽 끝에 있는 치장에 도착해 여장을 푼 것은 1939년 4월 말이었다.

　마침내 기나긴 피난길의 종착지에 도달한 것이다. 여기서 임시정부를 비롯하여 임시정부 가족 모두는 더 이상 일본군에게 쫓기지 않겠다는 각오를 굳게 다졌다. 중국정부도 마찬가지였지만, 임시정부로서도 충칭을 떠난다면 이제는 더 갈 곳도 없는 형편이었다. 임시정부와 이들 가족이 지나온 길은 거리상으로는 국민당군에 쫓긴 중국공산군이 장시江西성에서 산시陝西성까지 이동한 대장정에 견줄 만한 것이었다. 이를 감안하여 임시정부 가족들끼리는 자신들의 피난길을 '만리장정'이라고 부르기도 했다.

류저우 취위안극장

류저우 임시정부기념관

싼수이에서 류저우까지

구이핑 · 류저우

싼수이에서 류저우까지

강물 위에 뜬 망명정부

은정태

1938년 10월 19일, 100여 명이 넘는 임시정부 가족들은 포산역에 모두 집결하였다. 기관총 소리가 더욱 크게 들리기도 했다. 객차 한 칸을 배정받은 이들은 다음 날 새벽 2시에 출발하여 이른 아침 싼수이에 도착하였다. 포산과 싼수이는 100킬로미터 정도의 거리였다. 그러나 싼수이역 도착 직전 일본 비행기의 공습이 있었다. 급히 기차에서 내려 주변의 사탕수수밭으로 숨어 공습을 피하기도 하였다. 광저우, 포산에서 싼수이로 피난 가던 이 시기가 임시정부의 전장-창사-광저우-포산-류저우-치장-충칭에 이르는 3년의 유랑 기간 중에서 류저우 동굴에서의 일본군 공습에 따른 피신과 함께 가장 위급한 상황이었다.

주강을 거슬러 거슬러

이제 임시정부 요인들과 가족들은 싼수이에서 주강을 거슬러 올라가 류저우를 목표로 이동하였다. 도로 사정 때문에 육로가 아닌 수로를 선택한 것으로, 커다란 목선을 이용하였다. 싼수이역에서 부두까지 짐을 옮기는 데는 역 근처의 공병 부대 병사들의 도움을 받았다. 병사 100여 명이 100여 명 임시정부 가족들의 짐을 단번에 날랐다고 한다.

주강은 길이 2000킬로미터가 넘는 중국 제3의 강이다. 싼수이는 주강의 본류인 시西강과 베이北강 및 쑤이綏강이 합쳐지는 곳이라 '싼수이三水'라는 이름을 얻었다. 싼수이에서 시강을 따라 3일이 걸려 우저우梧州에 도착하였다. 우저우부터는 광시성으로, 주강의 상류인 쉰潯강을 본류로 하고 구이린桂林에서 흘러오는 구이桂강과 이곳에서 만난다. 우저우에서 묘산에서 온 사람들과 광저우를 바로 떠나온 사람들과 합류할 수 있었다. 여기서부터는 물살이 세서 목선만으로는 상류로 거슬러 올라가기 불가능하여 동력선을 구해 앞에서 끌고 올라갔다. 배에서 내리지도 못하고 밥을 해 먹는 경우도 많았다. 큰 솥에다 한꺼번에 밥을 지어 모두에게 나누어 주고 몇몇씩 모여서 반찬만 따로 만들어 먹기도 하였다.

지청천의 딸 지복영은 『민들레의 비상』에서 다음과 같이 회고했다.

게다가 기선의 동력이 약해서 속력이 빠르지 못했다. 대개 낮에만 가고 밤에는 쉬었다. 그럴 수밖에 없는 것이 대식구가 먹을 양식과 부식품을 한꺼번에 배에 많이 실을 수 없어서 그때그때 적당한 곳에 머물면서 필요한 물품을 사서 올려야 하기 때문이었다. 게다가 그보다도 수심이 깊지 않고 강폭도 넓지 않은 곳이 많아 큰 배는 아예 다니지도 못하고 작은 배만 물길을 찾아 올라가야 하기 때문이었다.

이렇게 해서 10월 28일 구이핑桂平에 도착하였다. 싼수이에서 출발한 지 8일째였다. 싼수이에서 보낸 동력선을 앞에 묶고 구이핑을 떠난 것이 11월 17일이었다. 구이핑에서 류저우에 이르는 뱃길은 더욱 험했다. 하루에 고작 20~30리, 혹은 50리 정도 올라갈 뿐이었다. 악전고투였다. 마침내 11월 30일 류저우에 도착하여서야 비로소 배 위에서의 생활을 마칠 수 있었다. 임시정부 요인들과 가족들이 광둥성 싼수이에서 시작해 광시성 류저우에 도착하기까지 40여 일간 주강을 거슬러 올라갔는데, 정정화는 『장강일기』에서 "강물 위에 뜬 망명정부"라 하였다.

구이핑 시장

우저우와 류저우 중간에 있는 도시가 바로 구이핑이다. 구이핑은 구이저우貴州성에서 오는 첸강과 윈난성과 베트남에서 오는 위郁강이 합쳐지는 곳으로 수로 교통의 요충지이다. 오늘날 구이핑은 광시성

구이핑 시장(최근 모습)

구이핑 첸강 하류. 오른쪽이 구이핑 시내이다.

최대의 농업 생산지이자 내해용 선박 생산으로 유명한 곳이다. 지금은 작은 현으로, 2014년부터 고속열차 난광南廣철로가 구이핑을 지날 따름이다.

임시정부 요인들과 가족들이 모두 구이핑 북문 밖 부두에 정박해 있는 동안, 자신들의 운명을 앞에서 끌고 가던 기선 주인이 일행을 떼어 놓고 도망쳐 버렸다. 기선이 부족하여 미리 선금을 주었는데, 구이핑에서 목선을 버리고 가 버린 것이다. 새로운 동력선을 구하기 위해 20여 일 동안 구이핑에 머물 수밖에 없었다. 시장에서 찬거리를 사다 노천 강변에 큰 돌조각 서너 개를 깔아 놓고 나뭇가지를 주워 불을 지피고 가마를 걸어 저마다 음식을 해 먹는 피난민 생활이었다.

『제시의 일기』에서는 "그때의 초조하고 심란한 마음을 형언할 수 없다. 이 밤엔 달빛 비치는 강의 아름다움마저도 위로가 되지 않는다. 그저 앞으로의 여정에 대한 근심을 불러일으킬 뿐이다"라고 하였다.

동력선을 구하기 위해 백방으로 수소문했으나 구이핑에서는 구하지 못하고 당초 출발지였던 싼수이선박사령부에서 보낸 기선을 기다릴 수밖에 없었다. 임시정부의 유랑 과정에 중국정부의 도움이 절대적이었음을 알게 하는 부분이다.

한편 구이핑 시장에서 음식물을 구하며 생활하던 과정에 사달이 났다. 『장강일기』에 따르면, 조소앙의 부인 오영선이 시장에 나갔다가 중국 경찰에게 연행되고 만 것이다. 그녀가 중국어를 전혀 모르는 것을 수상히 여긴 중국 경찰이 일본어로 슬쩍 말을 걸었는데, 귀동냥으로 들은 일본어로 대꾸하자 일본인 첩자로 몰렸다고 한다. 일본군이 광둥을 점령한 상태에서 1938년 말 광시 지역조차 위기감을 가졌음을 보여 주는 사례일 것이다.

태평천국운동이 일어난 구이핑 진톈춘

정정화는 『장강일기』에서 구이핑을 "태평천국의 인물인 홍수전이 청의 통치에 항거하여 거사한 곳"으로 회고하였다. 임시정부가 이동하던 당시에 이를 어떻게 기억했는지는 불분명하다. 그러나 20여 일 동안 구이핑에 머물렀으니 직접 가 보지는 않았더라도 들어는 보았을 것이고, 그 때문에 회고록에 남긴 것으로 추측된다.

1990년대까지 한국의 동학농민운동과 중국의 태평천국운동 및 일본의 농민일규農民一揆를 서로 비교하여 동아시아에서의 농민봉기의 특징을 살펴보는 연구가 등장하기도 했다. 그러나 현재는 크게 변화했다. 오늘날 동학농민운동 연구 상황은 중국의 태평천국 연구 상황과 크게 다르지 않을 것으로 보인다. 물론 중국의 경우 국가 주도의 문명국가 건설 노력이 반정부적이며, 반중앙적이었던 태평천국과 양립하기는 더더욱 어려울 것으로 보인다.

1938년 구이핑을 찾았던 임시정부 요인들에게 태평천국운동은 어떻게 다가왔을까? 홍슈취안은 최제우나 전봉준처럼 이해되었을까? 민중운동과 청조의 위기, 그리고 반식민지로의 전락은 한국근대사의 전개과정을 비추어 볼 때 반면교사였음은 분명할 것이다.

구이핑의 초라한 훙슈취안 동상

광저우역에서 아침 8시 50분 기차를 타고 포산을 거쳐 싼수이역에 내렸다. 10시 가까이에 다시 버스를 타고 고속도로에서 가벼운 점심을 하긴 했지만 거의 오후 2시경에야 구이핑 진톈춘金田村에 도착했다. 내심 잔뜩 기대가 되었다. 1990년대 한국에서 동학농민운동과의 비교사적 맥락에서 태평천국운동에 대한 관심이 적지 않았기 때문이다. 그러나 진톈춘의 이미지는 1990년대 아니, 1980년대에 머물러 있다는 느낌을 지울 수 없었다. 앞서 말한 연구자들의 비판적인 시각뿐만 아니라 태평천국운동에 대한 중국 사회의 무관심 혹은 홀대를 엿볼 수 있었다. 우리 답사 팀이 진톈춘 기의지起義地를 들르는 1시간 동안 우리 일행 이외에는 아무도 없었다. 구이강貴港시 인민위원회 차원의 태평천국 진톈춘 기의지 보호 조례만 제정되어 있는 정도였다.

진톈춘에서 버스를 타고 첸장黔江대교로 구이핑시에 들렀다. 첸장대교 입구, 붉은 두건을 한 훙슈취안의 조형물을 잔뜩 실은 트럭이 눈에 띄었다. 다리 입구에서 크레인을 이용해 훙슈취안 조각상을 설치하는 중이었다. 그 익숙한 조형물은 몹시 조잡해 보였다. 과거 우리네 초등학교에서 많이 보던 이순신 동상, 책 읽는 소녀상과 달라 보이지 않았다. 현재 난징을 제외하고 중국 어디에도 태평천국에 대한 관심이 없는 가운데 구이핑에서 기억하려는 태평천국은 지역의 상징을 벗어나지 못한다는 인상이었다.

첸강의 강폭을 다리 위아래에서 조망해 보면 강의 크기를 짐작할

구이핑 첸강대교 입구
트럭에 실려 있는 홍슈취안 조형물

수 있다. 여름이라 강수량이 많은 탓도 있겠지만 엄청난 크기이다. 첸
강은 조금 하류로 내려가 구이핑 시내를 가운데 두고 윈난에서 흘러
오는 같은 크기의 위강과 합쳐진다고 생각하니 주강珠江의 크기를 짐
작할 수 있을 듯하다. 다만 계절적으로 임시정부가 이동한 10~11월은
건기에 해당되므로 그때의 수량과 비교할 수는 없을 것이다. 첸장대교
를 지나 구이핑 시내 중심가를 들러 구이핑의 옛 시장을 확인하였다.

구이핑부두에서 구이핑 시장으로
올라가는 길에 놓인 돌계단.
1938년 당시에도 이 계단을
이용했을 것이다.

당시와 별 차이가 없었을 것 같았다.

　임시정부 요인들과 가족들에게 구이핑에서 체류하는 20여 일간은
강가·부두·시장에서의 생활로, 피난민의 생활 그 자체였다. 그들도
구이핑이 태평천국운동 기의지라는 이야기를 들었을 테지만 그곳을
가 본다든지 하는 마음의 여유는 낼 수 없었을 것이다.

첸장대교를 올려다본 모습

그러고는 곧바로 부두로 갔다. 예전에는 적지 않은 배가 구이핑에서 출발하는 승객을 실어 날랐는데, 최근에는 모두 사라지고 없다고 하였다. 어떤 모습이었을지 궁금했다. 이곳이 바로 『제시의 일기』에서 말하는 구이핑 북문 밖 일대로 추정된다. 멀리 한국에서 왔다고 하니 어느 노인분이 자세히 설명해 주며 구이핑이 수로 교통의 요지임을 강조하였다. 부두에서 구이핑 시장으로 올라가는 돌계단이 보였는데 그

임시정부기념관
류저우

은정태

일본군의 공습 아래서

임시정부 요인들과 가족들이 구이핑을 떠나 류저우로 향한 것이 1938년 11월 17일이었다. 구이핑에서 류저우까지 이르는 뱃길은 이전보다 더욱 험했다. 첸강 상류는 물살이 몹시 빨랐다. 수많은 여울이 있어서 동력선이 더 이상 목선을 끌 수 없어 사람이 직접 밧줄로 배를 끌고 가는 경우도 있었다. 건장한 청년 10여 명이 배에서 내려 배에 묶은 밧줄을 강변을 따라 끌고 올라가는 악전고투였다. 마침내 11월 30일 류저우에 도착하여 배 위에서의 생활을 마칠 수 있었다. 그러나 류저우에 도착한 날 이들을 맞이한 것은 일본군의 공습이었다.

류저우 가는 길

우리 답사 팀 일행도 구이핑 시장과 부두를 천천히 구경하고 저녁을 먹은 다음 버스로 류저우로 이동했다. 저녁 8시경에 탔는데 류저우의 숙박지에 도착하니 새벽 1시였다. 이날의 일정은 광저우에서 류저우까지 이동한 것으로 기차와 버스를 이용해 아침 8시부터 다음 날 새벽 1시까지 17시간이 걸린 셈이었다. 우저우에서는 버스에서 내려 주강 변에 있는 유람선을 타면서 당시 "배 위에 떠 있는 망명정부"를 직접 체험할 생각이었지만, 빠듯한 일정 때문에 유람선을 타지 않았음에도 상당한 시간이 걸린 것이다. 전체 답사 일정 중에 가장 긴 하루였다. 임시정부 요인과 가족들이 싼수이에서 40일 걸려 류저우에 도착한 그 어려움을 느껴 보리라는 다짐으로 힘을 낼 수 있었다. 물론 고속철도로 이동하는 것이 효율적이긴 하지만, 이 코스로 답사를 하려는 이들은 버스로 이동하면서 당시의 어려움을 체험해 보는 것도 한 방법일 것이다.

임시정부 일행은 어렵게 류저우에 도착했다. 정정화는 류저우에 대해 "제법 살기가 좋은 고장이었다. 기후도 온화하고 물산도 풍요한 듯했다"고 회고하였다. 대한민국임시정부는 1938년 11월 30일부터 이듬해 4월 22일까지 5개월간 류저우에 머물렀다. 류저우에서 임시정부는 3·1운동 20주년을 맞아 기념 대회와 기념 선언을 발표하였고, 한국광복진선청년공작대 주도의 문화 선전 활동도 진행하였다.

유종원과 신계계 군벌이 만든 도시, 류저우

류저우는 류柳강이 U자 모양으로 도시를 감싸고 있다. 류강이 호로병 모양으로 류저우를 감싼다고 해서 '후청壺城'으로 불리고, 류강을 '룽龍강이라 하여 '룽청龍城'이라 불리기도 한다. 임시정부가 도착했던 당시에는 U자 안의 류강 북쪽의 구도심과 U자 밖의 류강 남쪽의 중화민국 시기에 개발된 신도시로 나뉘어 있었다. 이 류강으로 인해 당나라 시대에 '류저우'라는 이름이 처음 등장하였다. 류저우는 또 맑고 수려한 산과 물로 '백리유강百里柳江'이라는 말의 원산지이기도 하다.

류저우는 당송팔대가로 꼽히는 문장가 유종원柳宗元이 '유주자사柳州刺史'라는 지방관직을 지내면서 유명해졌다. 유종원은 47세라는 짧은 생애 동안 장안에서 33년, 영주에서 10년, 류저우에서 4년 살았다. 류저우에서의 삶은 그의 마지막 여정에 해당한다. 관료 집안 출신으로 과거에 합격해 관직에 나섰으나, 혁신 정치를 주창하다 보수 세력의 반대로 실패하고 지방관으로 좌천되었다. 먼저 영주로 쫓겨나 10년간 머물렀다. 그런데 조정으로 돌아가자마자 '유주자사'로 제수되어 다시 장안을 떠나야 했다. 남만南蠻의 땅 류저우에서 유종원은 질병과 외로움으로 몸은 더욱 허약해졌지만 잘못된 지방행정을 바로잡는 데 최선을 다하였다. 그는 민정을 시찰하여 통치 질서를 정비하였고, 문묘를 정비하고 학당을 세우는 등 유교 문화를 전파하였으며, 노비를 해방시켰다. 또한 우물을 파고 감귤나무를 심었으며, 황무지를 개간하여 생산력을 증대시켰으며, 오래된 악습을 고치기 위하여 힘썼다. 그의 마지막 4년간의 노력으로 류저우의 경제와 문화는 변화하기 시작했다.

　　다음은 유종원이 유주자사로 있으면서 지은 한시로, 류강 변에 버드나무를 심었던 일을 언급하고 있다.

柳州柳刺史(유주류자사) 種柳柳江邊(종류류강변)

유주의 유자사 유강 가에 버드나무 심었네

談笑爲故事(담소위고사) 推移成昔年(추이성석년)

웃고 얘기하는 것이 옛일이 되고 세월이 흘러 옛날이 되면

垂陰當覆地(수음당복지) 聳干會參天(용간회삼천)

드리워진 그늘이 땅을 뒤덮고 솟아오른 줄기가 하늘을 찌를 것이다

好作思人樹(호작사인수) 慙無惠化傳(참무혜화전)

그리움을 자아내는 나무가 되면 좋으련만 전해지는 은혜와 교화가 없

───────

U자 모양의 유강을 따라 남북으로 나뉘어진 류저우 시내 전경(1940년대)

어 부끄럽네

류저우 강가에 나무를 심어 훗날 류저우 사람들이 이 나무를 매개로 자신이 선정을 베풀었다는 이야기가 전해지도록 하겠다는 일종의 다짐의 글이다. 류저우에는 유종원과 관련된 여러 기념물이 류허우공원 안에 남아 있다. 유종원을 기린 류허우츠柳侯祠 일대를 1911년 근대식 공원으로 조성한 것이다.

류저우에서 기억해야 할 또 다른 인물은 군벌 랴오레이廖磊이다. 1932년 류저우를 지키던 랴오레이는 공병을 보내 공원에 길을 내고 구획을 지어 류허우공원을 새롭게 정비하였다. 그는 또 공원 안에 육군 제7군진망장사기념비를 세우고 그 옆에 음악정을 세웠다. 이곳은 항일전쟁기 이래 수많은 정치 집회의 장소로 이용되었다. 1939년 류

저우를 찾는 한국인들은 랴오레이가 만든 근대도시 류저우를 접한 셈이었다.

류저우가 광시성 제일의 공업도시로 발전하게 된 계기는 중화민국 시기 신계계新桂系 군벌의 정책 덕분이었다. 신계계는 광시 군벌을 지칭하며, 1910년대 광시성을 주름잡았던 류룽닝陸榮廷을 구계계舊桂系 군벌이라 하고 뤼룽팅 몰락 후 등장한 리쫑런李宗仁, 바이충시白崇禧 등을 신계계 군벌이라 구분한다. 리쫑런은 구이린 출신으로 '광시왕'으로 불릴 정도로 중화민국 시기 핵심 군벌로 성장하여 주도권을 두고 장제스와 맞선 인물이다. 1926년 국민당의 북벌 과정에 신계계 주력 부대는 국민혁명군 제7군으로 재편되었다. 1931년 리쫑런과 바이충시의 최측근 랴오레이가 국민혁명군 제7군장으로 류저우에 부임하여 1937년 중일전쟁이 발발해 안후이성으로 옮겨 가기까지 6년간 류저우에 머물렀다.

임시정부가 류저우에 머문 기간 동안에 랴오레이는 이미 안후이에서 사망해서 류저우에 없었다. 랴오레이가 류저우에 머물던 1932년에 공관으로 지은 3층 건물인 랴오레이공관에 임시정부 가족들이 머물렀다. 랴오레이가 떠난 상황이라 빈방이 많았기 때문이었다. 1939년 3월 10일, 이곳에서 차리석이 안창호 서거 전보를 받고 통곡했다는 기록이 남아 있다. 그리고 랴오레이가 만든 류허우공원에서 광복진선청년공작대의 문화 선전 활동이 진행되었고, 랴오레이가 세운 룽청중학 강당에서 1939년 3·1운동 20주년 행사를 벌였다. 랴오레이가 세운 병원에서 위문 공연이 이루어지도 했다. 랴오레이가 남긴 유산에 임시정부 요인들과 가족들이 참여하여 다양한 활동이 가능했던 것이다.

각지에 분산된 거주지

구이핑을 거쳐 류저우에 온 임시정부 요인과 가족들은 모두 120명 정도였다. 각종 기록에 나오는 임시정부 요인들과 가족의 거주지는 장시후이관江西會館, 징시京西로 10호, 타이핑시太平西가 18호, 칭윈慶雲로 109호, 그리고 랴오레이공관, 그리고 대한민국임시정부 항일투쟁기념관이 위치한 러췬서樂群社 등등이었다. 초기부터 분산 수용되었고, 류저우를 떠날 때까지도 변화는 없었다. 류저우에는 잠시 동안 머물 생각이었기 때문이다. 1939년 4월에 충칭으로 이동하게 된 것은 교통편이 그때서야 마련되었기 때문이다. 즉, 류저우에서 대한민국임시정부가 공식적인 판공처를 설치해 운영했다기보다는 조만간의 이동에 대비해 잠시 대기하던 곳이라 하겠다.

류저우는 도심인 류강 북쪽과 남쪽으로 나뉜다. 그리 먼 거리는 아니지만 『장강일기』, 『제시의 일기』에서는 남쪽과 북쪽을 크게 구분하고 있다. 북쪽은 구도심인 만큼 활동의 중심지였다. 류허우공원과 도심지를 중심으로 광복진선공작대가 공연을 하거나, 룽청중학 강당인 옌탕燕堂에서 3·1운동 20주년 기념식이 크게 열리기도 하였다.

남쪽에는 위펑魚蜂산과 마안馬鞍산이 자리하고 있다. 류강 북쪽 도심에 80여 곳의 방공호와 피난 시설이 있지만 흙으로 만들어져 있어서 남쪽의 위평산과 마안산의 동굴이 주목받았다. 1938년 4월 류저우방공지휘부가 위평산 동굴에 설치되었고, 마안산 정상에는 경보등과 경적을 설치하여 일본기의 공습을 알렸다. 지휘부가 류강에 부교浮橋를 설치하여 북쪽 도심지에서 남쪽 위평산 일대로 피신하는 데 편리하도록 하였다. 그런데 이 동굴이 석회암 동굴이라 직접 폭탄 세례를 받으면 동굴 속이 바로 무덤이 되고 말았다. 임시정부 요인들과 가족들이 류저우에 도착한 것이 11월 30일이었는데, 이날 폭격으로 인해 동굴로 피한 많은 사람들이 죽었다고 한다. 류저우에서의 생활에 일본군의 폭격은 생활의 일부분이 될 정도였다. 『제시의 일기』는 "요즘 우리는 어느 순간 폭격의 희생물이 될지 알 수 없다. 한 달에도 몇 번씩, 아니 매일매일을 생명을 내어놓는 경험을 하고 있다. 공습이 울리는 그때마다 피난처를 찾아 숨는 그때마다 우리의 생명은 우리의 것이 아니다"라고 기록하고 있다.

중일전쟁 시기 류저우는 국민정부의 중요 공군기지였다. 1932년 10월 류저우에 첫 공군기지가 들어선 이래 1935년에 광시항공학교가 신설되었고, 이후 소련과 미국의 공군이 류저우에 주둔하여 중국군과 함께 대일작전을 수행하였다. 또한 류저우는 광시성의 중심에 위치해 있어 광시 지역 교통의 요지이자, 사방이 강으로 둘러싸인 독특한 자연환경으로 수륙 운송 교통이 발달한 도시였다. 특히 광둥성이 함락될 무렵에는 군수물자를 생산하는 전시 후방 기지 역할을 하였다.

『장강일기』나 『제시의 일기』에서 일본군의 류저우 공습이 자주 등장하는데, 이미 1938년 1월 10일부터 공습이 있었다. 임시정부가 류저우로 이동하기 이전부터였던 셈이다. 1939년에 들어서는 공습의 횟수와 강도가 훨씬 심하였다. 항일전쟁기 중국정부의 군사시설이 류저우에 집중되어 있었기 때문이다. 현재도 류저우는 광시성 제일의 공업도시로 광시 공업 생산량의 5분의 1을 차지하고 있으며, 철도 교통의 요충지이다.

러췬서와 대한민국임시정부 항일투쟁활동진열관

대한민국임시정부 항일투쟁활동진열관은 류강 남쪽에 있다. 주소지는 류저우시 위펑魚蜂구 류스柳石로 2호이다. 류저우시는 2001년 '대한민국임시정부 항일투쟁활동진열관' 건립을 계획하고, 2004년 보수 지원 등을 통해 개관한 뒤 몇 차례 개·보수 과정을 거쳤다. 최근에는 독립기념관의 지원을 받아 전시물을 새로이 고쳤다. 현재 류저우시 정부가 전시관을 설립 운영하고 있다. 바로 러췬서樂群社 건물이다.

러췬서 건물의 1층에는 임시정부 요인들이 활동하고 휴식을 취하는 모습 등의 모형이 전시되어 있다. 2층에는 상하이 시기와 류저우 시기, 충칭 시기 임시정부 활동 등을 소개하는 내용들이 전시되어 있다. 광복진선청년공작대 명단, 당시의 류저우 전경, 국민당 행정문서, 러췬서 건물 전경, 랴오레이 공관 등의 전경, 일본의 공습 상황과 '도라지' 노래 등이다. "중한양민족합작의견서기래타도일본제국주의中韓兩民族合作意見書起來打倒日本帝國主義" 구호 등을 배경으로 한 청년공작대의 공연을 형상화한 조각상이 전시물의 한가운데를 차지하고 있다.

러쿤서는 1930년대 말 대한민국임시정부 요인들이 얼마간 머물렀다고 추정되는 곳이다. 기록에 의하면 당시 임시정부 요인들은 "하북 담중로 50호에 있는 3층 양옥집"에 머물렀던 것으로 알려졌다. 그런데 당시 류저우시에는 양옥이 러쿤서를 포함하여 2, 3채밖에 되시 않았다. 더구나 러쿤서가 호텔로 사용되었기 때문에 임시정부 요인들이 머물렀을 가능성이 있다.

류저우시는 러쿤서를 대한민국임시정부청사 터로 확정 짓기 위해 적극적인 자세를 보였다. 2001년 여름에 류저우시 문화국장 등이 한국의 독립기념관을 방문하여 당시 임시정부청사와 러쿤서가 같은 건물임을 증명하기 위해 사진 몇 장과 일부 자료들을 제공한 적이 있었다. 독립기념관에서는 이를 확인하기 위해 류저우시 문화국에 관련 자료를 요청하고, 문화국 담당자들과 면담 결과 그들이 제시한 것은 임시정부청사로 추정되는 자료임을 확인하였다. 더욱 구체적인 자료를 찾기 위해 류저우시 당안관과 도서관의 자료를 검색하였지만, 임시정부청사 소재지를 확인해 주는 자료를 찾을 수는 없었다.

러쿤서는 1927년 건축을 시작해서 1928년 준공한 2층 벽돌 건물이다. 러시아가 세운 프랑스식 건물로 황색의 '치러우騎樓'이다. 치러우는 일종의 베란다로, 2층 베란다가 1층 회랑 위에 있는 양식의 건축물을 말한다. 치러우 건축은 근대 유럽에서 세계 각지로 전해졌으며, 중국 초기의 치러우는 광저우에서 가장 먼저 등장했다고 한다. 광저우 상점가에서는 더운 여름 비가 많이 오는 날씨에 적합해서 치러우 건축양

건축 중인 러췬서 전경. 뒤쪽에 일본군 공습 당시 피신지였던 위펑산이 있다.(1927)

식을 받아들였다고 한다.

　러췬서는 신계계가 위펑산 일대를 신시가지로 개발할 때 지은 건물
이었다. 처음엔 버스회사의 터미널로 이용하다가 1935년 러췬서로 개
명하고 호텔로 사용하였다. 베트남의 호찌민胡志明이 1943년 류저우에
1년 동안 머무르면서 러췬서에 월남혁명동맹회 사무실을 두기도 하
였다. 현재 러췬서 맞은편에는 호찌민 구거舊居가 조성되어 있다. 류저
우시는 러췬서를 통해 한국과 베트남의 독립운동 후원자, 혹은 기지였
음을 강조하고 있다. 류저우에서 한국과 베트남 독립운동가들의 자취
를 찾을 수 있었던 것은 흥미로운 일이었다.

류저우 취위안극장

부상병 위문 공연

심지연

1938년 10월 포산을 떠난 임시정부 요인과 가족 일행은 11월 30일 천신만고 끝에 류저우에 도착했다. 이들은 중국국민당 류장柳江현 정부와 당의 협조를 받아 시내에 분산 거주했다. 당시 류저우에 도착한 면면을 보면 김구를 제외하고 이동녕·조완구·이시영·송병조·차리석·지청천 등 임시정부 요인 대부분이 망라되어 있었고, 가족들은 김구의 모친 곽낙원과 아들 김신 등을 포함하여 120여 명이나 되었다.

어려웠던 류저우에서의 정치 활동

숙소 사정이 좋지 않아 초기에 임시정부 요인들은 한곳에 모여 살 수가 없었다. 한곳에서 사무를 볼 수도 없었기에, 두세 곳에 나누어 살면서 업무를 보아야 했다. 시간이 지나면서 임시정부는 랴오레이廖磊공관에 모여 지내면서 업무를 보았다. 랴오레이공관은 국민당 제7군 군장 랴오레이廖磊 장군의 공관으로 당시 비어 있었다. 이에 랴오레이 장군과 친한 광둥성 성장 우톄청이 주선을 해서 임시정부 요인들이 거주하면서 사무를 보는 장소로 사용할 수 있었다. 임시정부는 경제적으로 형편이 어려웠을 뿐만 아니라, 중국 중앙정부의 지원이 없어 정치적인 입장도 매우 어려웠다. 1938년 10월 10일 우한에서 김원봉이 조선의용대를 창설하여 중국군이 전개하는 항일전에 참여하자 중국 중앙정부가 임시정부보다는 조선의용대 지원을 우선시했기 때문이다.

윤봉길과 이봉창 두 의사의 거사 이후 임시정부가 별다른 독립운동 방책이나 군사 활동을 추진하지 못하고 있는 시점에서 조선의용대가 창설되어 활동을 개시하자, 중국정부가 임시정부보다 조선의용대의 항일 역량을 더 높이 평가한 것이다. 당시 중국군 고위 간부에 황푸군관학교 출신이 많았는데, 이들이 군관학교 동기인 김원봉과 친분이 있어 그를 더 신뢰했던 것도 하나의 요인으로 들 수 있다. 이로 인해 류저우에 있는 임시정부 일행에게 닥친 고난을 누구보다도 잘 알고 있던 김구는 충칭에서 중국정부의 협조를 구하기 위해 백방으로 노력을 기울였지만, 상태가 곧바로 좋아지진 않았다.

　이처럼 임시정부 일행이 정치적·경제적으로 어렵게 지내고 있던 상황에서 한국국민당과 한국독립당, 그리고 조선혁명당 등 민족진영 계열 3당 청년들의 통합 움직임이 일어났다. 류저우 시내 류허우공원 에서 자주 모여 운동을 하던 청년들이 중심이 되어 1939년 2월 중순 한국광복진선청년공작대(이하 청년공작대)를 결성한 것인데, 이로써 민족진영 청년들은 비로소 통합된 조직을 갖게 되었다. 류저우에서 결성된 청년공작대는 1939년 11월 충칭에서 한국청년전지공작대로 확대 개편되었다가 광복군에 귀속되게 된다. 3당 청년들의 이 같은 통합은 후일 민족진영 3당을 통합하는 촉매제 역할을 함과 동시에 광복군의 일원으로 합류함으로써 독립운동사의 한 획을 긋는 역사적인 사건이 되었다고 할 수 있다.

청년공작대

　청년공작대는 주로 선전 활동에 주력했다. 이는 당시 류저우 지역이 일본군의 침략을 직접적으로 겪지 않아 비교적 항일의식이 약했고, 중국 중앙정부의 무관심으로 임시정부 일행을 망국민으로 간주하는 경향이 있었기 때문이다. 이를 감안하여 청년공작대는 우선 중국인의 항일의식을 고취시키고, 이를 통해 이들의 항전 의지를 불태워 항일 투쟁 대열에 참여하도록 하는 선전 활동을 전개했다. 그 일환으로 청년공작대가 기획한 것이 류저우 군병원에 입원해 있는 부상병들을 치료하기 위한 모금 운동을 겸한 위문 공연이었다. 특히 류저우 지역에 전쟁 통에 부상당한 군인들이 많은 점에 착안한 것이다.

모금 공연을 성사시키기 위해 청년공작대가 류저우 당·정·군 각계 및 항전 단체와 연락을 취하자, 많은 단체들이 호응을 해 왔다. 위문 공연을 통해 모금한 돈으로 중국 부상병을 위로할 계획임을 알리자 류저우의 여러 공연 단체들도 참여할 뜻을 밝힌 것이다. 그리하여 1939년 2월 25일 청년공작대를 비롯하여 국민당 류저우의 당·정·군 관계자와 경찰 및 10여 개 공연 단체 대표들이 모여 위문 공연의 구체적인 사항에 대해 토의했다. 이 자리에서 공연 날짜는 1939년 3월 4일과 5일로 정하고, 공연 장소는 류저우 중심가에 있는 취위안曲園극장으로 정했다.

청년공작대원들의 부상병 위문(그림)

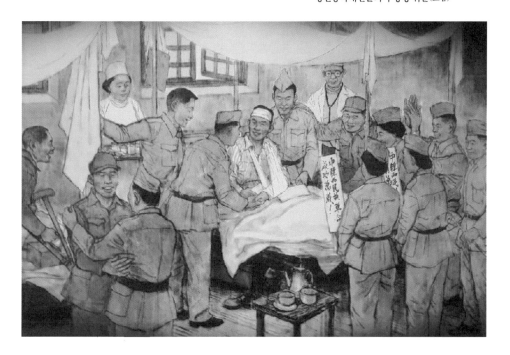

당시 류저우에서 가장 큰 극장에서 치른 이 위문 공연은 대성공이었다. 1층 일반석은 매진되었고 2층은 상이군인 초대석이었는데, 중국 관중들은 반일 정서를 고무하는 연극들을 보고 환호했다. 중국 측에서는 중국군 부상병, 광저우 아동극단, 상하이 8·13 가무대 등이 공연에 나섰는데, 부상병들은 항전에 대한 강연과 애국 내용을 담은 가요를 불렀고, 광저우 아동극단은 「전진」, 「뜨거운 피」, 「조국」 등의 중창을 불렀으며, 상하이 8·13 가무대는 「유격대」, 「항전가」 등 혁명가곡을 불렀다. 한편 청년공작대는 아동부·가무조·연극조 등으로 나뉘어 열연을 했는데, 무대에 오르지 않는 대원들은 무대의 배경 설치와 관중 안내 등 봉사하는 일을 맡았다. 특히 항일유격대를 그린 「전선의 밤」이란 연극은 출연진 모두 청년공작대원이었지만, 대사는 중국말이어서 관중들에게 큰 감동을 주었다.

이틀간 속개된 모금 위문 공연은 류저우에서 커다란 반향을 일으켰다. 공연 중 신문에 소개된 기사는 모두 31개였는데, 그중 18개는 청년공작대에서 연출한 것이고, 13개는 류저우의 공연 단체가 출연한 것이었다. 당시『류저우일보柳州日報』는 3월 4일과 5일 이틀 동안「항일 부상병들을 위한 한국광복진선청년공작대의 위문 공연 특보」라는 보도를 두 면에 걸쳐 할애했으며, 청년공작대의 모금 활동과 위문 공연을 대대적으로 홍보해 주었다. 청년공작대는 3월 4일 자『류저우일보』에 기고한 글에서 위문 공연의 의의를 다음과 같이 설명했다.

우리는 중국의 항전은 4억 5000만 중국 동포의 생사존망과 관련된 문제만이 아니라, 동시에 우리 동방 피압박 민족, 특히 우리 한민족의 멸망과 재생을 위한 최후의 운명과 관련된 것이라고 본다. 부상을 입은 장병을 사랑하는 것은 후방에 있는 민중의 임무이다! 부상 입은 장병을 위로하는 것은 항전에 참가하는 힘이다. 돈이 있으면 돈을 내고, 힘이 있으면 힘을 내자! 중·한 두 민족은 단합하여 일본제국주의를 타도하자! 중·한 두 민족 혁명 성공 만세!

청년공작대의 위문 공연은 병원에 입원해 있는 부상병들에게 큰 감동을 주었는데, 부상병들은 3월 8일『류저우일보』에 기고한 글을 통해 고마움을 표했다. 기고문에서 이들은 "우리는 영원히 단결하여 모든 장애를 물리치고 우리의 혁명 역량을 증대시켜 우리의 최후의 승리를 보장하고 중·한 두 민족이 영원히 세계에서 빛을 뿌릴 수 있는 기회를 쟁취해야 할 것"을 다짐했다. 위문 공연을 마친 청년공작대는 3월 10일 중국 공연 단체들과 함께 류저우병원으로 가서 부상병들을 위문하기도 했다.

청년공작대의 위문 공연은 임시정부가 류저우에 체류하는 기간 동안 기획하고 준비한 것 가운데 가장 중요한 활동이었고, 이를 통해 임시정부의 조직 능력과 전투력을 충분히 보여 줌으로써 임시정부의 위상을 크게 높일 수 있었다. 이와 동시에 한국과 중국 양 국민이 항일통일전선을 결성해야 한다는 필요성을 일깨운 역사적인 사건이었으며, 통일전선이 조직된다면 거대한 위력을 전 세계에 보여 줄 수 있다는 희망을 준 사건이었다고 중국 역사는 분석했다.

청년공작대원들이 훈련했던 류허우공원의 정문

청년공작대원들과 류저우 각 단체 대표들 사진

    당시 청년공작대가 공연을 했던 취위안극장은 중화민국 시기에 건립된 것으로 광시성에서는 가장 좋은 극장 가운데 하나로, 류저우가 고향인 추우스初伍始가 설계하고 건축한 유명한 건물이었다. 공연 날 밤, 이 극장 안팎에는 항전을 독려하는 현수막들이 내걸리고, 한국과 중국 양국 국기가 가득 걸렸다. 류저우의 각계 인사와 항전 단체 단원들과 관람자들로 만원을 이루었던 극장은 일본군의 폭격으로 없어지고 말았다. 당시 위문 공연으로 항일 열기가 가득 찼던 그 거리는 이제 고층 건물들이 들어서 청년공작대원들이 공연을 했던 옛 흔적은 영영 찾을 길이 없어지고 말았다.

충칭·시안

충칭, 투차오와 허상산

임시정부 가족들의 거처

리
센
즈

김구는 중국 국민당 정부의 교통국과 교섭, 5~6량의 자동차를
지원받아 임시정부 대가족과 짐을 류저우에서 충칭으로 안전
하게 옮길 수 있었다. 이어 진제위원회販濟委員會의 도움을 받아
충칭 난안南岸 투차오上橋 둥칸東坎폭포 옆에 대지를 구입하고, 기
와집 3동을 지어 100여 명의 가족들을 안치하였다. 이로써 투차
오는 임시정부 가족의 생활공간이 되었다.

당시 임시정부 대가족은 1940년 9월 충칭에 도착한 사람들 외
에도, 1938년 봄 충칭 난안 다포돤大佛段에 먼저 자리 잡은 조선
의용대 본부 인원과 그 가족들도 포함되었다. 이후로도 충칭으
로 옮겨 온 독립운동가와 그 가족들도 대가족의 일원을 이루었

다. 임시정부가 충칭에서 활동한 6~7년 사이에 약 80여 명의 동포가 사망하여 충칭 난안 허상산(仙尙山)에 안장되었다. 허상산은 충칭에서 사망한 임시정부 요인과 그 가족들이 영면한 곳이었다.

임시정부의 피난처, 충칭

지금도 중국인들이 대한민국임시정부와 한인의 항일 독립운동을 언급할 때 가장 먼저 떠올리는 인물은 김구일 것이다. 이는 단순히 대한민국임시정부가 어려움에 처할 때마다 김구가 앞장서 위기를 헤쳐 나갔다는 사실 때문만은 아닐 것이다. 한국이 광복을 맞이할 때까지 오로지 임시정부의 입장을 흔들임 없이 견지하였다는 사실만으로는 김구의 위업을 다 설명할 수 없다.

임시정부 요인과 가족들이 집세를 내지 못해 소송을 당한 어려운 상황에서 그 문제를 해결한 이가 김구였다. 만보산(완바오산, 萬寶山)사건으로 인해 한국과 중국 두 나라 국민의 감정이 극도로 악화되었을 무렵, 김구는 한인애국단을 조직하여 이봉창으로 하여금 일본 사쿠라다몬(桜田門)에서 히로히토 천황에게 폭탄을 투척하게 하였다. 김구의 지령을 받든 한인애국단원 윤봉길은 상하이 홍커우공원에서 폭탄을 투척하여 다수의 일본 군·정 요인을 처단하는 의거를 일으켰다.

김구가 계획한 두 차례 의거는 한·중 두 나라 국민의 손상된 감정을 어루만지고 하나로 만드는 결정적 작용을 하였다. 특히 윤봉길 의거는 국민정부 주석 겸 군사위원회 위원장 장제스에게 "중국의 100만 대군이 이루지 못한 위업을 한국의 한 청년이 해내었다"는 감동을 주었다. 윤봉길 의거가 계기가 되어 임시정부는 정식으로 국민정부의 지원을 받을 수 있었다. 이 모든 것들이 바로 지금도 중국인들이 김구를 임시정부와 한국 독립운동을 대표하는 인물로 기억하게 만든 가장 큰 요인인 것이다.

윤봉길 의거 후 김구는 선교사 피치 부부의 도움으로 일제의 체포망에서 벗어날 수 있었다. 그러나 일제는 윤봉길 의거를 빌미 삼아 상하이에서 활동하고 있던 한·중 두 나라 인사 100여 명을 무단히 체포하였다. 무고하게 체포된 사람들을 구하기 위해 김구는 자신이 두 차례 의거를 계획한 주모자이며, 이봉창과 윤봉길은 집행자임을 공개하였다. 공개서한 발표 후 더욱 신변이 위태로워진 김구를 위해 중국정부와 인민이 발 벗고 나서 김구를 자싱嘉興과 하이옌海鹽으로 피신시켰다.

윤봉길 의거 후 일제는 김구에게 20만 원의 현상금을 걸었다. 그럼에도 김구를 체포하지 못하자 이번에는 일본외무성·조선총독부·상하이주둔군 사령부가 연합하여 60만 원의 현상금을 걸고 김구를 체포하는 데 혈안이 되었다. 김구도 자신이 얼마나 위태로운 상황에 처해 있는지 잘 알고 있었다. 그럼에도 자신의 생사는 도외시하고, 목숨을 건 독립운동 사업에 매진하였다. 굳은 의지와 결심으로 수많은 독립운동가들을 독려하고 임시정부를 영도하여 기어코 한국의 광복을 이루어 내었다.

일본군이 상하이를 점령하고 중국 내지로 진공해 오자 임시정부는 부득이 험난한 피난길에 오르지 않을 수 없었다. 1937년 7월 7일 루거우차오盧溝橋사건(노구교사건) 후 중일전쟁이 본격화되자, 중국 국민당 정부는 충칭을 임시수도로 정한다고 선포하였다. 이에 따라 김구도 자싱을 떠나 난징·창사 등지를 거쳐 1938년 말 충칭에 도착하였다.

충칭에 도착한 김구는 우선 세 가지 문제의 해결을 위해 동분서주하였다. 첫째는 임시정부를 따라 충칭으로 온 독립운동가와 그 가족들을 안치하는 것이었다. 두 번째는 미주와 하와이에서 활동하는 각 단체와 연계하여 경제적인 지원을 이끌어 내는 것이었다. 세 번째는 독립운동을 위해 활동하고 있는 각 단체의 통일 문제였다.

투차오 둥칸폭포 비탈의 한인촌

임시정부 소재지인 충칭 시내에서 약 20킬로미터 정도 떨어진 곳에 위치한 투차오는 1940년대에는 쓰촨성 바巴현에 속하였다. 충칭에 도착한 뒤 김구는 중국 진제위원회와 접촉하여 투차오 둥칸폭포 옆 산비탈에 기와집 3동을 지었다. 각 동마다 6개의 방이 있었고, 각 방마다 한 가족이 생활하였다. 사람들은 이곳을 한인촌이라 불렀다.

1999년 4월, 김의한 선생의 아들인 김자동 선생이 한국광복회를 대표하여 충칭에서 열린 대한민국임시정부 성립 80주년 기념식에 참석

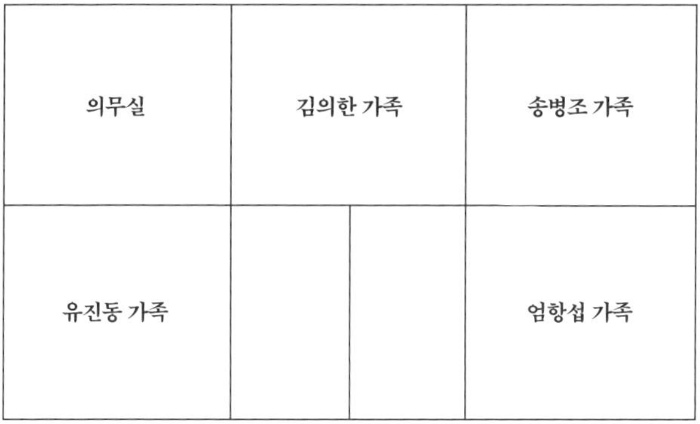

의무실	김의한 가족	송병조 가족
유진동 가족		엄항섭 가족

산비탈 맨 아래에 있던 기와집의 공간 배치

하였다. 당시 필자는 김 회장과 함께 투차오 한인촌을 참관하였다. 그때 김 회장은 필자에게 젊은 시절 투차오에서의 생활상을 자세히 소개하였다. 필자는 이때의 경험과 김효숙金孝淑의 회고록『대한민국임시정부와 나』중 투차오에 대한 묘사를 종합하여 당시 투차오 한인촌의 모습을 간단하게 소개하고자 한다.

위의 그림은 산비탈 맨 아래에 있던 기와집의 공간 배치를 보여 주고 있다.

이곳에는 김의한 일가 외에 송병조와 그의 중국인 부인, 엄항섭·연미당 부부와 아이들, 유진동·강영파 부부와 딸 유수란이 상주하였다. 가운데 방에는 통상 이상만·유동열·홍진 등 가족이 없는 독립운동가들이 거주하였다. 김구의 둘째 아들 김신도 휴일을 맞아 투차오에 오면 이 방에 머물렀다.

중간에 위치한 기와집에는 신건식·오건해 부부와 딸 신순호 일가
가 거주하였다. 그 외에 이곳은 김효숙·송명수 부부 일가, 채원개 일
가, 오광선 일가 등이 거주하는 곳이었다. 맨 위에 있던 기와집에는 유
진동의 동생 유평파와 그의 중국인 부인 송정헌 일가, 이준식 일가, 최
동오 일가 및 유일한 여성의원이었던 방순희와 남편 김관오 일가, 중
국인 쑨孫 부인 일가 등이 거주하였다.

　　김효숙의 회고에 의하면, 당시 기와집 주변에는 넓은 공터가 있어
모두들 이곳에 텃밭을 일구어 그동안 중국 땅에서 누려 보지 못했던
농촌의 전원생활을 누렸다 한다. 윤봉길이 의거를 감행한 후 임시정부
는 8년간 이곳저곳을 옮겨 다니며 불안한 나날을 보낼 수밖에 없었다.
치장에 머물던 일 년 반 동안에도 임시정부 요인의 가족들은 일본군
의 대공습에 고통스러운 날들을 보냈는데, 그나마 이곳 투차오에서는

임시정부 가족들이 거주하던 건물

비교적 안정된 생활을 영위할 수 있었다.

당시 김효숙은 어린아이들을 한데 모아 한국어와 한글, 동요 등을 가르쳤다. 임시정부 직원의 부인이나 모친들도 허투루 나날을 보내지 않고, '한국여성혁명동맹'을 조직하여 임시정부와 한국광복군의 독립운동을 지원하였다.

한인촌이 있던 산비탈 아래에는 둥칸東坎폭포가 있었다. 폭포수는 비교적 맑고 깨끗하여 그 물이 흘러 화시허花溪河를 이루었다. 임시정부 가족들은 화시허의 물을 길어 생활용수로 사용하였다. 김자동의 회고에 의하면, 당시 신체가 강건했던 김신은 매번 투차오에 올 때마다 물 긷는 일을 도왔다 한다. 임시정부 가족들은 종종 화시허에서 잡은 물고기로 요리를 만들어 먹기도 하였고, 더운 여름날이면 이곳에서 수영도 즐겼다.

투차오 둥칸폭포

칭화중학 교문

화시허 건너편에는 칭화清華중학이 있었다. 이 학교는 임시정부 가족 중 학령아동들이 공부하는 곳이었다. 임시정부는 중국정부와 교섭하여 학생들이 무상교육을 받을 수 있도록 하였다. 김자동 회장도 칭화중학 7회 졸업생이었다.

투차오에 머무는 동안 임시정부 요인이나 가족 가운데 생일을 맞이하는 사람을 위한 잔치도 열렸다. 1941년 9월 23일은 동암 차리석의 61세 회갑일이었다. 같은 해에 출생한 우천 조완구도 이날 함께 생일

상을 받았다. 상하이 시절부터 김구와 함께 죽음을 각오하고 온갖 고난과 역경을 헤쳐 온 두 사람은 임시정부 '사수파'로 유명하였다.

차리석은 1881년 7월 27일 평안북도 선천에서 출생하였다. 호는 동암東巖, 별명은 서입환徐立煥이다. 1919년 4월 상하이로 망명하여 대한민국임시정부 수립에 참여하였다. 1933년에는 임시정부 국무위원이 되었고, 임시의정원 부의장을 역임하기도 하였다. 김규식·조소앙·최동오·양기탁·유동열 등 5명의 국무위원이 조선민족혁명당에 가입하여 임시정부가 생사존망의 기로에 선 적이 있었다. 이때 차리석은 송병조와 함께 자싱으로 가 이동녕·안공근·안경근·엄항섭과 함께 난후南湖에서 회합을 갖고, 이동녕·조완구와 김구를 국무위원으로 추대하여 임시정부가 명맥을 이어 가는 데 결정적 역할을 하였다.

1935년 11월 임시정부 비서장에 임명된 그는 광복을 맞이할 때까지 장장 13년간 임시정부의 '안살림'을 도맡았다. 1945년 8월 15일 마침내 조국이 해방되는 감격을 맛보았으나, 안타깝게도 차리석은 과로로 인해 사망하여 조국으로 돌아갈 수 없었다. 1945년 9월 9일 충칭에서 사망한 차리석의 유해는 난안 허상산에 안장되었다. 1962년 대한민국정부는 조국 광복을 위해 평생을 바친 그의 공로를 인정하여 건국훈장 독립장을 추서하였다.

1881년 3월 20일 서울에서 출생한 조완구의 호는 우천藕泉이다. 1918년 11월 상하이로 망명하여 임시정부 수립에 참여하였다. 앞에서 살펴보았듯이 조완구 또한 임시정부의 존속과 발전 과정에서 매우 중요한 역할을 수행하였다. 임시정부가 충칭으로 이전한 뒤에는 내무

동암 차리석 화갑 기념사진. 투차오 한인촌 (1941. 9. 23.)

차리석 회갑 기념(1941. 9. 23.)
(앞줄 왼쪽부터 조성환, 김구, 이시영, 뒷줄 왼쪽부터 송병조, 차리석, 조완구)

부장과 재무부장을 역임하며 임시정부의 운영에 있어 기둥과 같은 역할을 하였다. 광복 후 귀국하였으나 1950년 6·25 전쟁 시 납북되어 1954년 10월 27일 북한에서 사망하였다. 1989년 대한민국정부는 조국독립을 위해 헌신한 선생의 공로를 인정하여 건국훈장 대통령장을 추서하였다.

토교대

한편 김자동 선생은 필자에게 스웨덴교회에서 한인들에게 교회당과 토교대土橋隊가 사용할 건물을 지어 준 일화도 들려주었다. 1945년 이전 이 교회의 활동 상황을 알려 주는 자료를 찾는다는 것은 쉽지 않다. 1950년대 중국에서는 종교 활동에 대한 단속이 매우 심하였던 데다, 결정적으로는 1966년부터 1976년까지 10년간의 문화대혁명을 거치면서 관련 자료가 이미 사라졌기 때문이다. 한인 교당 관련 자료의 발굴은 이후 계속 노력해야 할 부분이다.

반면 토교대에 관한 자료와 기억은 적지 않다. 중일전쟁 당시 충칭에 모여든 한인들 가운데 잠재적으로 한국광복군 혹은 임시정부에 가입할 사람들을 위한 훈련과 교육이 진행되었다. 과정을 마친 사람들은 광복군 혹은 임시정부 각 부문에 편입되었다. 토교대는 상설 기구는 아니어서 필요할 때마다 반을 개설하고 교육과 훈련을 실시하였다.

토교대 교육반은 총 3기가 개설되었다. 제1기는 1944년 3~4월 개설되어 33명의 대원을 배출했다. 당시 한국광복군 총사령부 고급 참모 송호성宋虎聲과 인사과장 조인제趙仁濟가 대장과 부대장을 맡았다. 훈련과 교육을 마친 대원들은 대부분 한국광복군 제1지대에 편입되었다.

제2기는 린취안臨泉을 출발해 1945년 1월 31일 충칭에 도착한 인원들을 교육시키기 위해 개설되었다. 이들은 대부분 학병으로 일본군에 끌려갔다가 생명의 위험을 무릅쓰고 탈출하여 한국광복군 제6징모분처에 귀순한 사람들이었다. 한광반韓光班 교관 신송식申松植의 인솔하에 충칭에 도착한 이들을 위해 개설한 제2기의 대장은 한국광복군 총사령부 총무처장 최용덕이 맡았다. 훈련을 마친 제2기생 대부분은 후일 시안에 주둔하고 있던 한국광복군 제2지대에 편입되었고, 일부는 임시정부 내무부 휘하의 경무대警務隊에 배속되었다.

제3기는 임시정부가 중국군사위원회와 교섭하여 충칭 류자완劉家灣 일본군포로수용소에 수용 중이던 한적韓籍 사병 32명을 인계받아 훈련을 실시하였다. 한국광복군경위대장 한성도韓聖島와 백정갑白正甲이 대장과 부대장을 맡았다. 훈련을 마친 대원들은 한국광복군에 편입되었다.

1945년 8월 15일 일본이 투항한 뒤 임시정부 가족들은 속속 충칭을 떠나 귀국길에 올랐다. 그들은 투차오의 가옥을 그간 임시정부 가족들을 위해 애쓴 왕화이칭王懷清에게 넘겨주었다. 그러나 이 가옥들은 1949년 국유재산으로 몰수되어 빈궁한 인민들에게 분배되었다.

충칭 난안 탄쯔스 허상산

조선혁명군정간부학교 교관을 지낸 이동화李東華의 딸 이의방李 義方의 회고에 의하면, 1938년 봄 그녀의 가족들은 후일의 조선의용대 대원(김약산 대오)들과 함께 뱃머리에 별동대 깃발을 단 4척의 목선에 나누어 타고 충칭에 도착하였다. 이들이 중일전쟁 당시 맨 먼저 충칭 에 도착한 한국 독립운동 세력이었다. 처음 장베이江北에 거주하던 이 들은 얼마 뒤 난안 탄쯔스彈子石에 있는 쑨자화위안孫家花園으로 이사하 였다. 이 무렵 조선의용대 본부의 기타 인원들이 구이린桂林을 떠나 속 속 충칭에 도착하였다.

더욱 다수의 한인이 충칭에 거주하게 된 것은 1940년 임시정부 가 족들이 치장에서 이주하여 살게 되면서부터였다. 이후로도 많은 한 인 독립운동가와 그 가족들이 속속 충칭으로 모여들어 1945년에는 300~500명에 달하였다. 이들은 충칭의 악명 높은 기후 조건을 견뎌 가며 6~7년을 생활하였다. 이 기간 동안 충칭에서 사망한 한인은 80 여 명에 이르렀다. 필자의 계산에 의하면, 당시 충칭에서 사망하여 허 상산에 안장된 한인의 성명과 근거 자료는 다음과 같다.

현정경:『백범일지』와『신화일보新華日報』, 1940년 6월 26일 제2판.

한일래:『백범일지』.

김상덕·이영준·이달:『세계사동태世界史動態』1980년 10기에 실린 유 자명의 글.

송병조:『백범일지』.

차리석: 장석홍 저,『차이석평전』.

곽낙원:『백범일지』.

김인: 한국독립기념관에서 1989년 펴낸『한국독립운동사연구』.

박차정:「여성 조선의용군 박차정 의사」,『신화일보』, 1944년 6월 1일
제3판.

유자명의 3살짜리 딸:『유자명평전』과 유자명의 아들 유전휘柳展輝의
증언.

김광요金光耀의 모친:『백범일지』.

김창덕金昌德의 부인과 이영준李英俊: 이상 두 사람은 유자명이 1982년
11월 12일 이달의 아들 이중지李重之에게 보낸 편지에 언급됨.

정여해鄭如海:『조선민족혁명당과 조선의용대』.

이산은李汕隱:「중국항공학교 첫 번째 여성 졸업생 권기옥」, 1995년 이
영삼李永三,『유자명자료집』①독립운동편.

김두만金斗萬 · 이관석李寬錫 · 염온동廉溫東: 이상 세 사람의 명단은 이만
열 저,『한국독립운동연표』와 민병길 편,『대한민국임시정부자료집』
3,『임시의정원』2 참조.

김광金光:『충칭신문重慶新聞』, 1943년 6월 1일 제3판.

김동진의 모친 류재숙刘在波: 김동진의 딸 김연령金延齡의 증언.

김상덕金尚德의 부인 강태정姜泰貞: 김상덕의 아들 김정륙金正陸 선생의
증언.

일본군의 공습으로 사망한 해공 신익희의 조카와 김영린金英麟의 부인

등 26명: 『백범일지』.

이들 가운데 김구의 모친 곽낙원, 김인, 송병조와 이달의 사망과 장례 과정을 소개하고자 한다.

곽낙원은 1859년 2월 26일 황해도 장연에서 출생하였다. 김구가 치하포에서 일본인을 처단하고 감옥에 갇혀 있을 때, 곽낙원은 아들이 민족 대의를 위해 감행한 영웅적 행동을 지지하고 치하하며 매일 감옥으로 밥을 날랐다. 아들이 국가와 민족의 독립을 위해 분주히 활동하던 와중에 며느리 최준례가 병으로 세상을 떠나자 아들이 독립운동에 전력을 기울일 수 있도록 1925년 두 손자 김인과 김신을 데리고 귀향하였다.

1932년, 윤봉길 의거 후 일본경찰이 지속적으로 감시와 간섭을 가하자 1934년 곽낙원은 두 손자와 함께 재차 중국으로 망명하였다. 이후 난징, 창사, 광저우, 류저우 등지를 거쳐 김구를 따라 1938년 충칭에 도착하였다.

김홍서金弘敍의 적극적인 요청을 받아들인 곽낙원은 충칭 난안 어궁바오鵝宮堡 쑨자화위안에 있는 김홍서의 집에 머물렀다. 곽낙원은 광시에 머물 무렵부터 이미 인후증咽喉症을 앓기 시작하였으나, 제때 치료를 받지 못해 병세가 악화되고 있었다. 충칭에 도착하였을 무렵 곽낙원의 병증은 심각하여 수술조차 불가능한 상태였다. 의사도 방법이 없어 이미 때를 놓쳤다고 말할 정도였다.

1939년 4월 26일, 곽낙원은 꿈에도 바라던 조국의 자유 독립을 보지 못하고 안타깝게도 세상을 뜨고 말았다. 김구와 친우들은 곽낙원을 허상산 공동묘지에 안장하였다. 충칭에서 세상을 떠난 한인들의 '지하회장地下會長'이 된 것이다. 1992년 대한민국정부는 곽낙원에게 건국훈장 애국장을 추서하였다.

　김구의 맏아들 김인은 1918년 11월 황해도 해주에서 출생하였다. 청소년 시기에는 평양 숭실중학에서 공부하였다. 1934년 3월, 동생 김신과 함께 할머니 곽낙원의 손에 이끌려 중국으로 가 부친과 합류하였다. 1935년 한국국민당 창건 시 사무일을 돕기도 하였다. 1936년에는 한국독립군특무대 예비훈련소에 입소하여 훈련을 받았다. 1937년 상하이에서 활동할 때 한국국민당청년단의 기관지 『전고戰鼓』의 편집 업무에도 참여하였다. 1938년 5월에는 부친 김구의 명을 받아 상하이에서 지하공작을 진행하기도 하였다. 당시 주요 임무는 일본의 중요 관공서 폭파와 일본 관리 암살 공작의 지휘와 감독이었다. 일본전함 이즈모出雲호를 폭파시키려던 계획이 일본 방면에 탐지되어 실패하기도

곽낙원 장례식(1939년)

하였다.

　1939년 10월, 김인은 류저우에서 한국광복전선청년공작대에 참가하였다. 1940년에는 충칭에서 한국국민당 기관지『청년호성青年呼聲』발간에 참여하여 독립사상의 선전을 위해 적극 활동하였다. 1945년 3월 29일, 불행하게도 폐결핵으로 인하여 사망하였다. 그 후 충칭 허상산에 있는 할머니 곽낙원의 옆에 안장되었다.

　이쯤에서 김인이 투병 중일 때 김구와 관련한 일화를 소개하고자 한다. 며느리 안미생이 남편의 병세가 날로 심해지자 다급해져서 김구를 찾아가 도움을 청하였다. 페니실린 주사약을 구입하여 아들 김인이자 손녀 김효자의 아버지, 자신의 남편인 김인의 목숨을 구해 달라고 간청한 것이다. 누구보다도 고통스러웠을 김구는 며느리의 청을 거절하였다. 김구는 "내 아들의 병을 고치자고 약을 사는 데 공금을 쓸 수 없다. 독립운동가와 가족들 가운데 폐결핵에 걸려 죽은 사람이 적지 않은데, 그들을 구하기 위해 약을 산 적이 없다. 아무리 내 아들이라 할지라도 개인적 목적으로 나랏돈을 쓸 수는 없는 것이다"라며 며느리를 달래었다. 이 일화를 통해 임시정부 최고 영도자로서 김구의 인품이 얼마나 곧았는지 짐작해 볼 수 있다.

　김인은 상하이에서 장기간 지하공작을 진행하던 때부터 이미 마음의 준비를 하고 자신의 생사는 염두에 두지 않았다. 일찍이 임시의정원 원장을 지낸 김붕준의 딸 김효숙에게 보낸 편지에서 김인은 아래와 같은 글을 적어 자신의 마음을 표시하였다.

누이, 우리는 반역자!

현실과 타협을 거절하는 무리외다.

우리는 혁명자!

정의를 우리의 목숨보다

더 사랑하는 사람이외다.

그리고

우리는 선구자!

선구자인 까닭에

어느 때 어느 곳에서든지

죽음이 기다리고 있는 것을 압니다.

1939년 10월 효숙 동무에게,

비록 짧은 글이지만, 이 글을 통해 독립운동과 한민족의 자유 광복을 위해 언제든 자신의 고귀한 생명을 바칠 준비가 되어 있는 김인의 고상한 뜻을 충분히 헤아릴 수 있다. 1990년 대한민국정부는 조국을 위해 헌신한 김인의 공로를 인정하여 건국훈장 애국장을 추서하였다.

1877년 12월 23일 평안북도 용천군에서 출생한 송병조宋秉祚의 호는 신암新岩, 별명은 송영석宋永錫이다. 30여 세에 평양신학교에 들어가 신학을 공부한 그는 1914년에 졸업한 후 정식으로 목사가 되었다. 1921년 상하이로 망명한 안창호의 알선으로 임시정부에 참가하고, 1926년 8월 임시의정원 의장에 피선되었다. 1930년, '이당치국以黨治

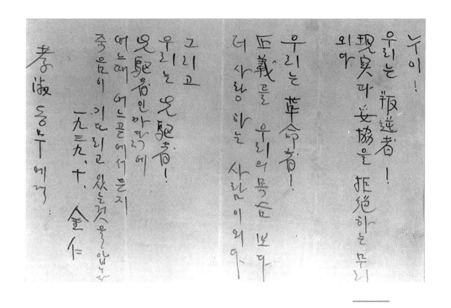

김효숙에게 준 김인의 자작시

國'의 이상을 실현하기 위해 안창호·이동녕·이시영·조소앙 등과 한국독립당을 창건하였다. 같은 해 8월 4일에는 임시정부 재무부장 겸 국무위원이 되어 1940년 10월까지 임시정부 국무위원을 지냈다. 이 기간 그는 줄곧 임시정부의 명맥을 유지하기 위해 모든 노력을 다하였다. 1934년 1월, 재차 임시의정원 의장을 맡게 되었다. 1935년 11월에는 "적의 총세력을 소멸시키고 완전한 민주공화국을 건설하여 위로는 한국의 빛을 발양하고, 아래로는 자손만대의 영예를 발전시키기 위해, 세계 각 민족과 공존공영을 도모하기 위해" 김구·이시영·조성환·조완구 등과 함께 한국국민당을 창건하였다.

1941년 10월, 송병조는 세 번째로 임시의정원 의장을 맡게 되었다. 동시에 임시정부 국무위원회 고문, 회계검찰장 등 직무를 맡았다. 1942년 2월 25일, 열악한 환경 속에서도 불철주야 공무 처리에 힘쓰다 병에 걸려 사망하였다. 1963년 대한민국정부는 조국을 위해 헌신한 그의 공을 기려 건국훈장 독립장을 추서하였다.

　　1907년 한국 충청남도에서 출생한 이달李達의 별명은 이이덕李二德·송일주宋一舟이다. 1930년 중국 북만주 닝안寧安현에서 신민부 국내공작원으로 활동하였다. 같은 해 정신鄭信과 함께 한족총연합회를 재건하였다. 1931년 11월, 상하이에서 남화한인청년연맹결사대에 참가하였다. 1933년 3월에는 일본공사 아리요시 아키라有吉明 암살을 계획한 육삼정 의거의 모의 과정에 동참하였으나 정보 누설로 실패하였다. 1936년 난징에서 유자명·정화암 등 무정부주의자들과 조선혁명자동맹을 조직하고 중앙위원에 피선되었다.

송병조 장례식(1942.2.27.)

1938년 10월, 조선의용대에 참가하여 본부 선전조장을 맡았으며, 1942년 5월 조선의용대가 한국광복군에 편입되면서 한국광복군 제1지대 비서에 임명되었다. 같은 해 인후암으로 사망하여 허상산에 안장되었다. 1992년 대한민국정부는 조국 독립을 위해 힘쓴 그의 공적을 인정하여 건국훈장 독립장을 추서하였다.

그렇다면 당시 한인들은 사후 대부분 허상산에 안장되었을까? 필자가 충칭 당안관에 소장되어 있는 관련 자료들을 조사한 결과에 따르면, 원래 탄쯔스 일대는 변두리 지역으로 주로 가난한 사람들이 거주하는 곳인데 이들이 사망하면 묻힐 만한 곳이 없었다. 이에 현지의 유력자들이 돈을 모아 허상산이라 불리던 곳의 토지를 매입, 공동묘지를 만들었다. 이후 가난한 사람들이 죽더라도 시신이 방치되는 일이 더 이상 없게 되었고, 이곳은 '스쓰팡十四坊 공동묘지'로 불리게 되었다.

충칭의 주민들은 오랫동안 거의 대부분 석탄을 연료로 사용하였다. 이로 인해 항상 공기가 혼탁하였으며, 충칭이 분지인 까닭에 기압이 낮아 공기가 원활하게 소통되지 못하였다. 거기에다 충칭에 거주하던 한인들의 생활이 빈곤하여 영양 상태가 좋지 못한 까닭에 5~7년간 한인 가운데 상당수는 폐결핵이나 다른 질병으로 고생하였다. 그러나 마땅한 치료를 받을 형편도 못되어 결국에는 사망에 이르게 된 사람이 적지 않았다. 이렇게 사망한 사람들은 모두 허상산 공동묘지에 안장되었다. 이런 사실들을 통해서도 임시정부 요인들과 가족들이 얼마나 어려운 환경에서 생활하였는지 짐작해 볼 수 있다.

필자는 1993년 10월 임시정부 김구 주석의 둘째 아들인 김신을 만나게 되었다. 당시 김신은 "나 외에 허상산을 제대로 찾을 수 있는 사람은 없을 것이다"라고 했다. 당시 김신은 특별히 시간을 내어 이달의 딸 이소심李素心, 한국광복군 군의처장을 지낸 유진동劉振東의 아들 유수동劉秀同, 그리고 필자와 함께 쑨사화위안을 출발해 충칭 특유의 언덕길을 따라 걸어 허상산에 있는 할머니 곽낙원의 묘소를 찾았다. 묘소 앞에서 김신은 "어려서 어머니께서 돌아가신 뒤 할머니의 손에서 자랐다. 그런 할머니께서 돌아가시자 너무나도 비통하였다. 그때는 날마다 이 길을 따라 묘소를 찾아와 할머니를 그리워하였다"고 당시를 회고하였다.

김신과 함께 곽낙원의 묘지를 찾아갔던 당시까지만 해도 탄쯔스 일대는 여전히 산의 형태가 남아 있어 묘지의 정확한 위치를 찾는 것이 그다지 어렵지 않았다.

필자는 후일 충칭 대한민국임시정부구지진열관에서 일하게 되었다. 이때부터 업무상의 관계로 한국에서 찾아온 역사 전공 교수들, 사진가, 혹은 한국 독립운동 관련 유적지를 답사하러 온 학생들과 함께 여러 차례 허상산을 찾을 기회가 있었다. 그때마다 김신이 우리를 인도하여 곽낙원의 묘지를 찾아갔던 기억을 떠올리며, 김신의 선견지명에 감탄하였다.

충칭 대한민국임시정부구지진열관이 개관한 이후로도 필자는 렌화츠蓮花池 임시정부청사에서 여러 차례 김신을 만났다. 1995년 8월 11일, 2003년 10월 26일, 2004년 5월 29일, 김신은 세 차례 렌화츠 임시정부청사를 방문하였다. 그때마다 김신은 임시정부청사 내에 전시

된 충칭 시기 관련 사진을 꼼꼼히 살펴보며 사진 속에 보이는 사람들의 이름과 직무를 주변 사람들에게 일일이 자세하게 소개하였다. 아울러 당시 충칭에서의 생활, 칭무관靑木關학교의 생활, 일본군의 폭격(일반적으로는 폭격기 9대의 동시 출현) 당시 모습, 타이완臺灣에서 대사를 지낼 때의 일화, 1940년대 일본군의 침략 당시 중국의 형세 등등을 회고하여 교과서에 나오지 않는 수많은 역사 지식을 공부할 기회를 주었다. 당시 김신에게서 들은 이야기들은 필자의 업무에도 많은 도움이 되었다. 후일 필자는 업무차 한국에 출장갈 때마다 백범김구기념관에 들러 김신을 만났다.

앞서 살펴보았듯이 허상산 공동묘지에 묻힌 한인은 대략 70~80명에 이른다. 그러나 안타깝게도 일부를 제외하고 대부분의 유해가 아직도 그곳에 묻혀 있다. 1948년, 중국의 정세가 변화할 가능성을 예견한 김구는 아들 김신과 민필호閔弼鎬의 아들 민영수閔泳秀를 충칭에 보내 모친 곽낙원, 아들 김인, 이동녕, 차리석 등의 유골을 고국으로 봉환하도록 하였다. 후일 허상산에 묻혀 있는 다른 이들의 유골을 봉환하려 하였을 때는, 한국과 중국 대륙 간 교통이 이미 두절된 상태였다. 결국 허상산에 안장된 다른 한인의 유해는 고국에 봉환할 수 없게 되었다.

조사 결과에 따르면 1986년 허상산 공동묘지 관리소는 반년 내에 묘원 내 모든 묘지를 이전하라는 공고를 내었다. 당시 이곳에 안장된 분들의 후손 가운데 충칭에 거주하는 사람이 아무도 없어 이장된 묘지는 한 곳도 없었다. 조국을 위해 몸을 바친 독립운동가들을 위해 기도를 올린다. 그들의 헌신과 공헌에 감사하며, 그들의 숭고한 애민·

애국·애족의 정신을 배워야 할 것이다.

21세기에 들어서 세계의 과학기술 수준은 신속하게 발전하였다. 이후 선진적인 DNA기술을 적극 활용해서 그들의 유골을 찾아 조국을 위해 목숨을 바친 용사들의 영혼이나마 고향으로 돌아갈 수 있게 되기를 희망한다. 한·중 두 나라의 협조와 노력으로 유해 발굴이 원만히 이루어져 그들의 영혼이 위로받을 수 있기를 간절히 바란다.

충칭, 한국광복군 총사령부

항전을 위해 힘써 일군 터전

김주용

1940년 9월 17일 아침 7시, 충칭의 자링빈관嘉陵賓館에서 한국광복군 성립전례식이 열렸다. 1919년 대한민국임시정부가 상하이에서 성립된 이후 대한민국임시정부가 공포한 군사조직법에 의거하여 정식 군대를 조직하여 대일 항전에 투입하게 된 것이다. 중화민국 총통 장제스의 허락으로 중화민국 영토 내에서 광복군을 조직하고, 한국광복군 총사령부를 창립한 것은 김구와 임시정부로서는 참으로 오랜 숙원으로, 감격스러운 순간이었다. 그날 자링빈관의 한국광복군 성립전례식장의 정문에는 태극기와 청천백일기가 교차돼 게양되어 있었다. 성립식에 많은 인사들을 초청한 것이나 성립식 장소를 서양인들이 주로 이용하는 자링빈관으로 택한 것은, 광복군 창설에 대한 선전 효과를 거둔다는 측면은 물론 이에 대한 협조 분위기를 조성하여 중국군사위원회 실무진을 압박하려는 의도였다. 성립전례식은 임시정부의 주도면밀한 계획하에 이루어졌다.

충칭 롄화츠에서 만난 반가운 얼굴들

2018년 7월 28일 오전 8시 35분 충칭행 비행기에 몸을 실은 지 2시간 40분쯤 지나 11시 10분경 충칭 장베이국제공항에 도착했다. 짐을 찾은 후 입국장으로 나오니 충칭 대한민국임시정부청사를 20년간 지키고 퇴직한 리셴즈 전 부관장이 반갑게 맞이해 주었다. 간단히 근황을 묻고 바로 숙소로 향했다. 짐을 풀고 우육면과 양저우볶음밥으로 점심을 해결하고 롄화츠蓮花池에 있는 충칭 대한민국임시정부청사로 향했다. 도착하니 마침 한국인 단체 관광객 20여 명이 임시정부청사를 관람하기 위해 나란히 검색대에 줄을 서고 있었다. 섭씨 38도 더위에 충칭까지 온 그들을 보면서 부끄러움과 안도의 마음이 교차하였다. 내가 독립운동사를 전공하지 않았다면 과연 이곳까지 왔을까, 쉽지 않은 질문이다.

입구에 들어서니 낯익은 얼굴이 반긴다. 푸쥔쥔傅軍軍이다. 몇 해 전 독립기념관에서 시행하고 있던 중국인 안내해설사 교육 때 만났던 이곳 기념관 직원이다. 이름이 '쥔쥔'인 이유를 물었더니 군인이었던 그의 아버지가 아들을 바라면서 지은 이름이라고 했던 기억이 난다. 오후 5시에는 독립기념관에서 단체가 방문한다고 귀띔한다. 한참 이런저런 이야기를 하고 있는데 머우위안이牟元儀 관장이 반갑게 인사한다. 원래 주말에는 출근하지 않는데 어제 큰 비가 내려 지붕 한 귀퉁이에 문제가 생겨서 출근한 것이라고 한다. 그를 보면서 전임 자칭하이賈慶海 관장을 떠올려 보았다. 2008년 쓰촨성 원촨汶川에서 발생한 큰 지진으로 이곳 충칭까지 영향을 받았을 때 2년간 심혈을 기울여 지금의 모습으로 임시정부청사를 복구한 노고를 잊을 수 없다. 충칭 대한민국임시정부청사의 산증인이다. 관장실에서 차 한잔 나눈 뒤 다음 목적지인 한국광복군 총사령부 건물을 찾아 나섰다.

한국광복군을 창설하다

대한민국임시정부는 원년(1919년)에 정부가 공포한 군사조직법에 의거하여 중화민국 총통 장제스의 특별 허락으로 중화민국 영토 내에서 광복군을 조직하고, 대한민국 22년(1940년) 9월 17일 한국광복군 총사령부를 창립함을 이에 선언한다.
한국광복군은 중화민국 국민과 합작하여 우리 두 나라의 독립을 회복하고자 공동의 적인 일본제국주의자들을 타도하기 위하여 연합군의 일원으로 항전을 계속한다. ⋯ 중화민국 항전 4개년에 도달한 이때 우리는 큰 희망을 가지고 우리 조국의 독립을 위하여 우리의 전투력을 강화할 시기에 왔다고 확신한다. 우리는 중화민국 최고 영수 장개석 원수의 한국 민족에 대한 원대한 정책을 채택함을 기뻐하며 감사의 찬사를 보내는 바이다. 우리 국가의 해방운동과 특히 우리들의 압박자 왜적에 대한 무장투쟁의 준비는 그의 도덕적 지원으로 크게 고무되는 바이다. 우리들은 한중 연합전선에서 우리 스스로의 계속 부단한 투쟁을 감행하여 극동 및 아시아 인민 중에서 자유 평등을 쟁취할 것을 약속하는 바이다.

　　1940년 9월 15일 대한민국임시정부 주석 겸 한국광복군창설위원회 위원장 김구 명의로 발표된 「한국광복군선언문」이다. 대한민국임시정부가 상하이에서 성립된 이후 정식 군대를 조직한 것에 대한 감격과 중국과의 공동 항전을 천명한 것으로 우리 민족의 해방과 아시아 피압박 민족의 자유와 평등을 쟁취하는 그날까지 항전할 것임을 대내외에 선전한 것이다. 이 선언문의 발표는 한국광복군 창설의 복잡다단한 모습이 함축되어 있다. 무엇보다도 조선의용대가 1938년 10월 우한에서 창설된 이후 경쟁적인 관계가 고착화되었다는 점을 주목할 필요가 있다. 중국이라는 무대에서 한국의 독립을 완성해야 할 임시정부로서는 해결해야 할 문제였다. 이를 극복하고 결국 한국광복군이 탄생하였던 것이다.

　　1940년 9월 17일 아침 7시, 자링빈관의 한국광복군 성립전례식의 참석 인원은 약 200여 명이었다. 초청 인사들을 비롯한 임시정부 요인과 총사령부 직원들이 참석하였다. 중국 측에서는 충칭위수사령관 류즈劉峙와 쑨원의 아들 쑨커孫科가 직접 참석하였으며, 저우언라이, 둥비우董必武는 측근을 대신 보냈다. 터키 대사 등도 광복군 성립에 축하의 의미를 전달하였다.

식순에 따라 먼저 김구는 광복군 창설 대회사를 통해 중국 항전에서 광복군의 역할을 강조하였다.

> 오늘 우리가 중국의 전시수도 중경에서 한국광복군 총사령부의 성립 의식을 거행함은 의의가 깊고 믿음이 갑니다. 이로부터 중국 경내에서 정식 광복군을 동원할 수 있어 우방 중국의 항일대군과 어깨를 나란히 하여 적을 무찌를 수 있게 되었고 이로부터 백산과 흑수까지 동원할 수 있을 뿐만 아니라 창을 베고 아침을 기다리듯 하는 삼한의 건아가 화북 일대에 산재해 있는 백의대군 그리고 국내의 3000만 혁명 대중의 소문을 듣고 봉기하여 왜적의 쇠사슬을 단절하고 성스러운 직분을 수행할 것입니다. … 우리가 비상한 감격을 깨닫게 하였음은 우리가 밤낮으로 중한 연합군의 사명을 게을리하지 않고 수행하는 데 지나지 않으나 전체 우리의 위대한 사업을 하루 속히 이루는 것이 곧 우리의 유일한 직책입니다.

김구의 개회사는 중국과의 관계가 절대적인 만큼, 그리고 중국군사위원회의 지원이 절실하였기 때문에 더욱 중국을 의식하지 않을 수 없음을 강조한 문장이었다. 감격에 찬 한국광복군은 이러한 과정을 겪으면서 탄생하였다.

경비 중인 광복군

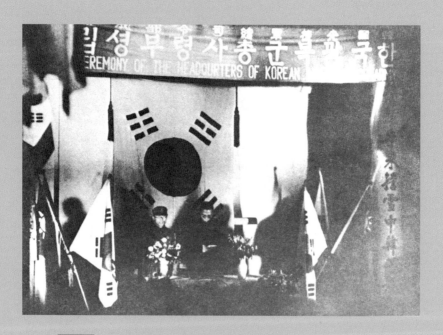

한국광복군 성립전례식(1940. 9. 17.)

한국광복군 총사령부, 우스예항 청사

　　한국광복군 총사령부 본부 건물은 소재가 불명확하였다. 총 8조로 이루어진 한국광복군 총사령부 조직 조례에도 사령부 본부에 대한 언급은 없었다. 초기에는 아예 본부 건물을 마련하지 않았던 것인지 그 부분이 명확하지 않았다. 한국광복군과 관계한 여러 인물들의 회고록이나 일기류에도 총사령부의 초기 소재지에 대해서는 언급이 없는 실정이다.

　　양우조와 최선화의 『제시의 일기』에도 1940년 9월 17일에 대한 언급이 없다. 아마 양우조가 한국광복군 성립에 직접 관여한 것이 아니며, 또한 당시에는 치장에 거주하고 있어서 한국광복군 총사령부에 대해 언급하기가 쉽지 않았을 것이다. 다만 11월 16일 자 일기에 총사령부가 다음 날 시안으로 떠나기 때문에 양우조가 이를 환송하고 왔다는 내용만 있을 뿐이다.

　　한국광복군은 성립 이후 시안에 총사령부를 두고 중국군사위원회와의 관계를 고려하여 충칭에는 총사령 지청천을 비롯한 극히 일부 인원만 잔류하게 된다. 그때 사용한 총사령부 건물은 어떤 것이었을까? 시간의 흔적이라는 공간적 존재로서 과연 총사령부는 처음부터 존재했던 것일까?

　　충칭 한국광복군 총사령부 건물을 본격적으로 답사한 것은 조동걸 교수 팀이었다. 한중 수교 이전인 1991년에 답사가 이루어졌다. 조동걸의 『독립군의 길따라』에는 다음과 같이 서술되어 있다.

이러한 광복군의 총사령부는 중경에 있었고, 한때 전방사령부가 서안에 있기도 했다. 중경(충칭)시 시중(스중)구 추용(쩌우룽)로 37호에 총사령부가 있었는데, 이때 임시정부는 처음에 시중구 화평(화핑)로 오사야(우스예)항 1호에 있다가, 1943년 가을에 시중구 칠성(치성)강 연화지(롄화츠) 정가 4호로 옮겼다.

이 책에서 조동걸은 쩌우룽鄒容로 37호가 언제부터 한국광복군 건물로 사용되었는지 언급하지 않았다. 이후 이곳을 답사한 연구자들 역시 쩌우룽로 37호가 한국광복군 건물이었다는 사실만 지속적으로 확인하고 있을 뿐이었다. 뿐만 아니라 광복군 성립 초기부터 이 건물을 사용했다는 사실로 비약되기에 이르렀다. 성립전례식 이후 현재 쩌우룽로 37호 건물을 바로 사용했다고 하는 주장을 아무 이의 없이 받아들여야 하는 것일까? 좀 더 냉철하게 한국광복군 총사령부 건물에 대해 추적해 보기 위해 잠시 『백범일지』를 보자.

그리하여 총사령부를 중경에 설치하고, 총사령 이청천(지청천), 참모장 중국인, 재무과장 중국인, 고급참모 최용덕, 한인참모장 왕일서(김홍일), 제1지대장 김원봉, 제2지대장 이범석, 제3지대장 김학규를 임명하였다.

광복군 통수권자인 김구도 명확하게 광복군 총사령부 건물에 대해 언급하지 않았다. 한국광복군 창설이 임시정부가 연합군의 일원으로 참가하는 데 절대적인 조건이었음을 통수권자인 김구가 누구보다 잘 알고 있었음에도 불구하고 총사령부 소재지를 명확하게 서술하지 않은 것은 의문이다. 그리고 『백범일지』에는 광복군 성립 시기와 그 후 시기가 혼재되어 있어 광복군 총사령부 소재를 파악하는 데 부적합하다.

대한민국임시정부의 주석이며 한국광복군 통수권자인 김구와 총사령관 지청천의 회고록 어디에도 성립 직후 총사령부 건물 소재에 대한 명확한 언급은 없다. 또한 잡지 『광복』에도 총사령부 소재지에 대한 언급이 없다. 그렇다면 한국광복군은 총사령부 건물 없이 수십 명의 간부로만 만들어진 기형적인 군대란 말인가? 한국광복군 총사령부 건물에 대한 고찰의 실마리는 중국군사위원회 인물들의 활동에서 어느 정도 찾을 수 있을 것 같다.

1941년 7월 19일 중국국민당 중앙조직부장 주자화朱家驊가 김구에게 보낸 편지를 통해 한국광복군 총사령부의 현황을 가늠해 볼 수 있다. 주자화는 한국광복군 문제에 대하여 장제스가 김구와의 면담을 승인하였다고 하면서 김구와 지청천·이범석·박정일 등 4명을 초청하였다. 1941년 7월 19일 주자화가 중국군사위원회 판공청 교제과에 보낸 서신을 검토해 보자.

생각건대 김구·이청천(지청천)·이범석·박정일 등 4인은 전에 제가 첨정하여 회견의 약속을 청하였고 이에 비준을 받아 귀과에 알린 문건이 있습니다. 그 사람들은 현재 화핑로 우푸가 우스예항 1호에 머물고 있습니다.

서신 내용을 보면 한국광복군 총사령부는 임시정부 건물 내에 있는 것으로 보는 것이 타당하다. 1942년 4월 1일부터 한국광복군 총사령부에 중국군사위원회 소속 중국군 장교들이 근무하기 시작했다. 이른 바 '한국광복군 행동 9개 준승(이하 9개 준승)'이 현실적으로 나타나게 된 것이다. '9개 준승' 제5조에 "한국광복군 총사령부 소재지는 군사위원회에서 정한다"라는 규정에 따라 충칭으로 총사령부를 이전한 한국광복군은 중국군사위원회에 예속이 불가피하였다. 이를 반영하듯 총사령부에는 중국군 장교들이 한국군보다 압도적으로 많은 비중을 차지했다. 뿐만 아니라 직제상에도 큰 변화가 일어났다. 참모장 이범석 대신 중국군사위원회 고급 참모인 인청푸尹呈輔가 그 자리에 1942년 3월 13일 자로 보임되었다. 중국군사위원회가 한국광복군을 실질적으로 장악하고 있음을 알 수 있는 대목이다. 당시 인청푸는 한국광복군 총사령부에 대하여 중요한 언급을 했다.

> 나는 1941년 중국군사위원회 소장 고급 참모였다. 1942년 군사령부 중장 고급 참모로 진급하였으며, 그해 3월 위원장(장제스)의 명을 받아 한국광복군 총사령부 참모장에 임명되었다. 중국인 가운데 외국 참모장은 나로부터 시작되었다. 광복군 총사령부는 중화민국의 임시 수도인 충칭에 있었다(지점은 우스예항이며 한국임시정부 역시 이곳을 썼다. 사무실은 겨우 3칸 정도였으며, 근무병, 공인 역시 많지 않았고 비좁은 곳이었다). 총사령은 이청천(지청천)이며, 내가 참모장, 부참모장 이범석, 이하 참모, 정무, 부관, 군수 4처가 각종 업무를 담당했다.

그의 구술 가운데 한국광복군 총사령부의 소재지를 충칭에서 세 번째 임시정부청사였던 우스예(吳師爺)항으로 기억하고 있었다는 점은 시사하는 바가 크다. 인청푸는 참모장에 임명된 후 임시정부 주석 김구의 요청을 받고 좁은 길을 지나 우스예항에 도착하였다. 우스예항은 현재 철거되고 그 자리에는 다른 건물이 들어서고 있다. 잘 알려진 대로 우스예항은 충칭에서 대한민국임시정부가 가장 오랫동안 청사로 사용하던 곳이며, 김구가 『백범일지』 하권을 썼던 곳이다. 현재 충칭 임시정부청사(롄화츠)에서 뒷길로 가면 우스예항 청사까지는 채 5분도 걸리지 않는다. 하지만 사라진 공간에는 공사장의 경비만이 오가는 사람들을 바라볼 뿐이다. 한국광복군 초기 사령부는 당시 임시정부 사정상 청사를 공동으로 사용하였던 것이다.

한국광복군 총사령부, 쩌우룽로 37호에 대한 기억들

일본 학병을 탈출해서 생사의 갈림길을 극복하고 충칭 임시정부의 품에 안긴 장준하는 그의 회고록에서 다음과 같이 총사령부에 대한 인상을 남겼다.

오후 4시부터는 광복군 총사령부에서 우리를 초대하여 환영회를 열어 준다는 소식이 전해졌다. 우리가 초대받은 광복군 총사령부는 임시정부청사에서 거리가 좀 떨어져 있었으며, 그곳에는 중국군 고문관들이 많이 파견 나와 있었다. 우리 광복군은 그때까지만 해도 아주 독립된 작전 활동이 없었고 중국군의 작전을 측면에서 지원하는 부분적인 항일 투쟁을 하고 있었을 뿐이다. 물론 보급 일체는 중국군에서 지급되었으니 고문관들이 나와 있는 것도 당연한 것이었다.

장준하가 충칭에 도착했을 당시 임시정부청사는 렌화츠였으며, 총사령부 건물은 쩌우룽로 37호였다. 그는 김구를 비롯한 임시정부 요인의 환대를 받고 '기쁨 속에 몸을 떨었다'라는 표현을 토해 낼 정도로 감격하였다. 그리고 렌화츠 청사에서 약 15분 정도 걸어가서 도착한 곳이 바로 총사령부였다. 다음으로 김준엽은 회고록 『장정』에서 장준하의 회고록보다 건물에 대해 구체적으로 언급하였다.

> 오후 4시에 우리가 초대받은 광복군 총사령부로 찾아갔다. 총사령부는 임시정부청사에서 거리가 좀 떨어져 있었는데 중경에서 흔히 볼 수 있는 대竹로 만든 2층 건물이었다.

김준엽이 기억하고 있는 한국광복군 총사령부 건물은 현재의 3층 건물과는 차이가 많이 난다. 바로 흙을 발라 대나무로 얼기설기 만든 일반 집이었다는 것이다. 김준엽이 렌화츠 청사를 보고 감동을 받은 것과 달리 한국광복군 총사령부 건물에 대해서는 간단하게 그 모습을 언급하였다.

조동걸은 1994년 11월 23일부터 20일간 한국광복군과 관련된 장

한국광복군 총사령부 건물의 전면 모습(2012. 2.)

한국광복군 총사령부 건물 뒷면 철거 현장(2012. 2.)

소를 답사하면서 쩌우룽로 37호를 찾은 소회를 밝혔다.

> 중경의 상징인 해방탑 근방에 미원이란 식당이 있는데 바로 거기였다. 양세화 관리인의 안내로 안에 늘어가 보니 우선 묵직한 재목들이 멋있게 보였다. 안팎이 모두 변형된 것은 물론이지만 그래도 널판자 계단이 역사의 증인처럼 옛 기록을 머금은 채 묵묵히 남아 있다. 총사령관 이청천(지청천), 김원봉 부사령의 호통 소리가 터져 나올 듯한 검은 기둥에 몸을 기대고, 이제야 당신들을 찾는 못난 후생의 사연을 중얼거렸다.

후손으로서 이 역사적인 현장을 이제서야 찾은 미안함과 함께 묵묵히 자리를 지키고 있는 한국광복군 총사령부 건물에 대한 느낌이 그대로 묻어나 있다. 이 글에서도 명확하게 이 건물이 언제 사용되었는지 그리고 인원은 몇 명인지 제대로 설명하고 있지 않다. 총사령부라고 하기에는 어딘가 초라했기 때문에 장준하나 김준엽은 당시를 그렇게 기억하고 있는 것은 아닐까 생각한다.

2014년, 철거되기 전 조사 당시의 쩌우룽로 37호 건물은 지하 1층과 지상 3층으로 구성되어 있었다. 흔히 웨이위안味苑 건물로 한국에 많이 알려졌는데 그 뒤 옷가게로 바뀌었다. 1942년 7월 총사령부 본부가 이곳으로 이전할 당시에는 최소한 40~60명의 인원이 근무할 수 있는 규모의 건물이었을 것이다. 2011년 윤경빈의 구술을 통해 본 1945년 초 한국광복군 총사령부의 인상은 다음과 같다.

들어가면 푹 내려갔어. 내려가서 벙벙하니 양쪽으로 갈려서 이쪽에 참
모장실이 있고, 총사령관실이 있고 그랬어요. 부관실이 있고, 난 그때
부관이었기 때문에 부관실에 근무를 했는데, 그리고 좌측에 들어가면
참모실이라고, 고급 참모들 계시던 방이 몇 개 있었고, 또 그 안에 들어
가면 경리부가 있었고. 뭐 그런 사무 보는 방이 몇 개 있었어요.

1945년 초에도 총사령부 건물은 이미 많이 낡은 상태였다. 한국광
복군 총사령부 건물은 약 60여 명 이상의 인원이 상주했으며, 초기 사
령부 건물로 사용할 당시에는 2층과 3층이 없었고 지하 1층과 반지하
형태의 1층 구조였다. 충칭의 지형상 언덕이 많아 보는 각도에 따라서
반지하와 1층이 거의 비슷한 높이에 있을 수 있다. 이것을 감안하더라
도 쩌우룽로 37호 한국광복군 총사령부 건물에서 한국광복군은 중국
군사위원회에서 파견된 군인들과 함께 공동 항일 전선을 구축하면서
항일 무장투쟁의 심장부로서의 기능을 당당하게 수행하였다.

복원된 한국광복군 총사령부

1942년 7월경 시안의 한국광복군 총사령부가 충칭으로 이전
하게 된다. 임시정부 요인들이 한국광복군 총사령부 건물을 비좁다고
하는 인식을 가지면서 자연스럽게 총사령부 단독 건물의 필요성이 대
두되었을 것이다. 한국광복군에서 조선의용대를 편입시킨 시점에 신

성新生로 45호에 새로운 한국광복군 총사령부 건물을 마련한 것이다. 1943년 9월 18일 충칭시의 교통량이 증가하면서 도로를 개보수하게 되었고 이에 따라 신성로가 쩌우룽로로 자연스럽게 흡수되었다. 따라서 신성로 45호는 쩌우룽로 37호로 지번이 바뀌었지만 건물은 현재 복원된 한국광복군 총사령부 건물과 같다.

2017년 12월 한국 대통령이 처음으로 충칭을 찾았다. 렌화츠 청사를 방문하고 무엇보다도 한국광복군 총사령부 건물 복원에 대한 관심이 지대하다고 밝혔다. 중국에서도 이에 화답하듯 쩌우룽로 37호에 한국광복군 총사령부 건물을 복원하였다. 2019년 대한민국임시정부 100주년 행사에 맞추어 3월 29일 복원 개관식을 했다. 2001년 독립기념관에서 정밀 실측을 시행한 이후 한국과 중국의 많은 노력들이 이어져 한국광복군 총사령부의 건물로 부활한 것이다. 1940년 9월 17일 김구가 대한민국임시정부의 국군이었던 한국광복군 창설을 주도한 지 햇수로 80년 만에 빛을 보게 된 역사의 공간이다.

한국광복군 전진사령부 기지

역사적으로 산시陝西성 성도 시안은 진시황릉과 시안사변으로 기억된다. 우리에게는 한국광복군의 중심 활동지였다. 2차 국공합작기에 시안에서의 한국 독립운동은 한중연대를 바탕에 둔 무장 독립 투쟁이었다. 한국광복군을 창설한 곳이 충칭이라면 한국광복군이 군대로서의 모습을 갖추고 국내 진입을 위한 전진기지 역할을 한 곳은 시안이다.

시안은 중일전쟁 이후 화북 지역을 점령한 일본군에 맞서는 최전선이었다. 1938년 10월 우한이 함락되고, 곧이어 광저우가 함락된 후 중일전쟁의 전선은 잠시 소강상태가 되었다. 그해 12월 일본 대본영은 더 이상 점령 지역 확대를 꾀하지 않고 항일 세력 궤멸에 초점을 두었기 때문이다. 중국정부와 함께 충칭을 근거지로 삼고 있던 대한민국임시정부는 오랜 숙원이었던 한국광복군을 조직하여 새 활로를 찾으려 했다. 이때 시안을 주목하였다. 10여 만의 한인이 거주하는 화북 지역은 선전 및 군사모집 활동을 전개하기에 최상이었다. 게다가 충칭에 위치한 임시정부에게는 둥베이 지방과 화북 지방으로 나아가는 전략적 요충지가 바로 시안이었던 셈이다.

시안의 안과 밖

장제스는 1938년 11월 기왕의 중앙군과 지방군 241개 사단과 40개 여단을 통합해 전국을 9개 전구戰區와 적 점령지에 대한 2개 유격 전구(화북지구, 강소·산동지구)로 나누고 32개 집단군(한국의 군단 개념과 비슷) 97개군으로 재편성하였다. 이 가운데 산시성은 제8전구사령부 관할로 시안에는 제34집단군 군사위원회 진영이 있었다. 한국광복군이 조직될 당시 제34집단군 총사령은 후쭝난胡宗南이었다. 그는 장제스와 같은 저장성 출신으로 장제스와는 아주 가까운 사이이며 황푸군관학교 1기 졸업생으로, 황푸군관학교 출신 가운데 첫 집단군 총사령관이 된 인물이다.

임시정부와 한국 독립운동사를 살펴보기 위해 시안을 답사하는 데에 여러 가지 방법이 있겠지만, 시안사변의 흔적이 남아 있는 시안사변박물관을 먼저 들러 보기를 바란다. 시안사변박물관은 1932년에 건축된 장쉐량張學良 공관을 활용한 것이다. 중일전쟁 직전인 1936년 12월의 시안사변으로 국공합작의 단초를 마련하였고, 중일전쟁 발발을 계기로 1937년 12월 마침내 제2차 국공합작이 성립되었다. 이제 중국 공산당의 홍군은 국민혁명군 제8로군으로 편제되었다. 중국 민중들의 항일 여론에다 만주에서 쫓겨나 시안에 머물던 장쉐량의 불만 등이 합쳐진 결과였다.

시안의 독립군 관련 사적지는 시내와 시외로 구분된다. 시내는 모두 시안성 내외로 몰려 있는 만큼 집중적으로 살펴볼 수 있다. 시기적으로 보면 1939년 11월 한국청년전지공작대(이하 '전지공작대')와 초모한 군사들이 훈련받은 한국청년훈련반, 임시정부의 특파단, 그리고 1940년 9월 한국광복군 총사령부와 제1·2지대이다. 시외도 시안성 남동쪽에 위치한 왕취전王曲鎭과 두취전杜曲鎭 등 중난산終南山 산록에 몰려 있다. 1942년 5월 한국광복군 재편 이후의 제2지대 훈련지, 중난산 일대의 OSS 훈련을 받던 숙소와 훈련장 등이다. 시내는 베이다가北大街 주변에 몰려 있어 도보로 10분 이내의 거리인 반면, 시외의 각 장소들은 차로 이동해야 한다. 여기서는 시내를 중심으로 시기별로 살펴보자.

한국청년훈련반

1939년 10월 충칭에서 조직된 한국청년전지공작대가 11월에 시안으로 옮겨 왔다. 대장 나월환羅月煥, 부대장 김동수金東洙 등 30여 명의 무정부주의 계열 청년들과 민족주의 계열인 광복진선청년공작대 구성원들이었다. 전지공작대는 결성 과정에서 김구의 승인을 받았지만, 대한민국임시정부와는 별도로 녹자적 조직체였다. 전지공작대가 기관지 『한국청년』에서 밝힌 성명서를 보면 중국의 항일 전쟁과 한국의 독립이 일본제국주의 타도에 있으며 양자는 분리될 수 없음을 전제하고 중국 항일전에 협조한다는 것을 분명히 밝히고 있다. 중국군의 대일 작전을 지원함과 동시에 한국 동포를 모아 한국군으로 무장시키겠다는 것이다.

나월환은 상하이의 중앙육군군관학교를 졸업하고 중국군 장교로 근무하였는데 전지공작대에는 중국 군관학교 출신이 12명이나 되었다. 충칭에서 시안으로 옮겨 온 전지공작대 대원은 모두 16명으로 지금의 얼푸二府가 29호에 자리 잡았다(현재 주소지는 얼푸가 43호). 이곳은 일본군의 폭격으로 내려앉은 법원 건물이었다. 지금은 건물 원형이 없어지고, 시안시 『서부법제보』 법률복무중심西部法制報法律服務中心이 들어서 있다.

시안에 도착한 전지공작대는 후쭝난과 교섭하여 사령부 소속 중앙군전시간부훈련단 제4단 임시 훈련소인 한국청년특별반(이하 '한청반')에 입교하여 1940년 2월까지 3개월 과정의 정신교육과 군사훈련을 수료한 후 중국군 소위로 임관되었다. 이들이 한국청년특별반 제1기이다. 이들은 1940년 5월부터는 일본군 36사단이 주둔하고 있는 타이항太行산 남쪽 지역에서 초모 활동을 벌여 47명을 모아 한청반에서

시안 한국광복군 총사령부의 총무처 직원들(1940. 12. 26.)

한국광복군 제5지대 성립 기념사진. 시안시 얼루가 29호이다.(1941. 1. 1.)

훈련시켰다. 이들이 한국청년특별반 제2기이다. 이러한 초모와 훈련 과정을 거쳐 전지공작대는 1940년 말에 이르러 100여 명의 규모로 성장하였다.

1941년 1월 1일에 얼푸가의 전지공작대 본부에서 대한민국임시정부 군무부장 조성환과 한국광복군 총사령관 대리 황학수를 비롯한 시안 총사령부 간부 전원, 그리고 전지공작대 대원 등 200여 명이 참가한 가운데 나월환을 지대장으로 한국광복군 제5지대 성립식을 거행했다. 무정부주의 계열의 전지공작대가 한국광복군으로 편입된 것은 대장인 나월환을 대상으로 한 임시정부의 포섭 공작 덕분이었다. 한국광복군 제5지대의 편성은 한국광복군이 제대로 된 군사력을 갖추게 되었음을 뜻한다.

전지공작대의 초모 활동과 한청반에서의 훈련은 한국광복군 제5지대로 편입한 이후에도 계속되어 1942년 10월까지 3기가 배출되었다. 1기는 중국군 간부가, 2기는 전지공작대 간부가, 3기에는 전지공작대 간부와 한국광복군 총사령부 간부들이 훈련을 맡았다. 2·3기 동안 3분의 1은 군사훈련, 3분의 2는 정신교육으로 이루어졌다.

한청반의 훈련지는 시안성 남서쪽의 한광면含光門 밖에 있는 시베이西北대학 타이바이太白교구 운동장 일대에 있었다. 정문으로 들어가 기숙사를 지나 나오는 넓은 공터이다. 시베이대학은 만주사변으로 시안으로 옮겨 온 둥베이東北대학이 있던 곳이다. 현재 시안사변의 주역이자 둥베이대학의 설립자인 장쉐량이 세운 다리탕大禮堂 건물이 학교 한가운데에 자리 잡고 있다.

마지막 한청반인 제3기 졸업식(1942. 10.)

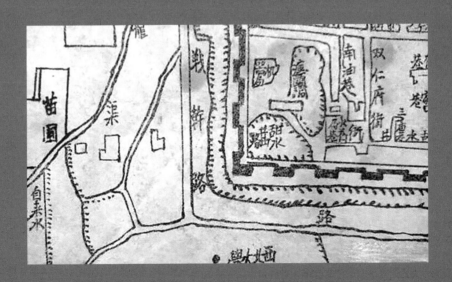

1948년 시안 지도. 하단에 보이는 시베이대학(서북대학)이 한청반 훈련지이다.

군사특파단 파견과 한국광복군 총사령부의 이전

　　한국청년전지공작대가 시안으로 파견될 즈음 대한민국임시정부는 군사위원회 책임자 조성환을 단장으로 중국군에 복무하던 황학수·나태섭·이준식을 군사특파단으로 선임해 시안으로 파견하였다.

　　군사특파단은 먼저 중국군에 복무하고 있던 한국인 장교들에게 한국광복군으로의 참여를 명령하고 중국군을 제대한 인원들도 군사특파단에 합류하도록 하였다. 중국 중앙군관학교를 졸업하고 중국군에 복무하고 있던 안춘생·노태준·조인제나 시안의 양호성 부대에 있다가 전역하고 시골에서 농사짓던 이들도 참여했다. 사범학교 출신 인사들도 참여하였다. 초모 활동은 제2전구 사령관 옌시산閻錫山의 협조를 얻어 산시山西성을 중심으로 전개되었다.

　　군사특파단은 전지공작대가 위치한 얼푸가에서 베이다가를 사이에 두고 마주 보고 있는 퉁지팡通濟坊에 자리 잡았다. 후쭝난 부대의 병영이었다.

　　군사특파단이 시안으로 파견된 지 1년 만인 1940년 11월 대한민국임시정부는 충칭에 있던 한국광복군 총사령부를 시안으로 이전하였다. 초기에는 잠정 부서(총사령 대리 황학수) 성격으로 충칭의 총사령부 인원과 시안의 군사특파단 인원을 합하여 편성되었다. 이로써 군사특파단은 해체되었다. 총사령부는 처음 군사특파단이 있던 퉁지팡에 자리 잡았다가 1941년 초에는 얼푸가 4호로 이전하였다. 이곳은 퉁지팡과는 180여 미터, 얼푸가 9호에 위치한 전지공작대 본부와 130미터

한국청년전지공작대 1주년 기념 사진. 젊은 장교들이 전지공작대 구성원이라면
연로한 이들은 군사특파단 및 한국광복군 총사령부의 일원이다. (1940. 11. 11.)

정도 떨어져 있었다. 세 곳이 거의 일직선상에 반경 500미터 안에 자
리 잡고 있는 셈이다.

시안 한국광복군 총사령부가 제일 먼저 착수한 것은 지대의 편성이
었다. 충칭에서 파견되어 온 인원과 군사특파단 인원을 중심으로 제
1·2·3지대를 편성하고, 또 시안에서 독자적으로 활동하고 있던 전지
공작대를 1941년 1월 한국광복군 제5지대로 편입시켰다. 이로써 광
복군은 총사령부의 상층 조직을 구성하고, 아울러 그 하부 조직으로 4
개 지대를 갖추게 되었다.

퉁지팡 군사특파단의 판사처가 있던 곳이다. 현재 아파트가 자리하고 있다.(왼쪽)
얼푸가 입구. 도로 간판의 맞은편이 한국광복군 총사령부가 있던 곳이다.(오른쪽)

제1지대: 시안에 위치. 전원 군사특파단으로 편성(지대장 이준식). 총 9명. 산시山西성 타이위안太原, 스자좡石家莊, 린펀臨汾 지역으로 파견 초모. 광복군의 선두주자로 대부분 군관학교를 졸업하고 군대복무경험 보유.

제2지대: 시안에 있다가 시안시 창안長安구 두취전杜曲鎭으로 옮김. 총사령부 간부중심으로 편성(지대장 공진원). 총 6명으로 사실상 창설 요원. 초모 활동 지역은 쑤이위안성(綏遠省, 현재 네이멍구자치주)이고, 차츰 허베이성, 허난성으로 확장. 1941년 말까지 100여 명 초모.

제3지대: 초기에는 편제상으로만 있던 조직. 1942년 3월 제3지대가 안후이성 푸양阜陽으로 떠날 때의 제3지대 인원 구성은 지대장 김학규를 포함해 7명. 김학규는 신흥무관학교 출신이고 나머지 인물들은 중국 군관학교 출신. 안후이성 푸양에 근거지를 마련.

제5지대: 시안에 위치. 한국청년전지공작대가 한국광복군에 편입되면서 조직. 허난성과 허베이성 일대의 카이펑·타이위안·스자좡·베이징 등지에서 초모 활동. 초모 인원은 시안으로 집결되어 한청반에서 훈련. 1940년 말에 이르면 100여 명의 대원을 확보.

한국광복군 재편의 여러 계기들

1942년 5월 한국광복군이 제1·2지대로 크게 재편되었는데, 여기에는 여러 가지 요인이 있었다. 1942년 3월, 3·1절 기념식을 마친 뒤 한국광복군 가운데 가장 많은 군사를 확보하고 있는 제5지대의 지대장 나월환이 부하에게 살해되었다. 임시정부와의 관계 설정 등을 둘러싼 지대 구성원들 간의 갈등으로 벌어진 이 사건은 한국광복군에게 엄청난 충격을 주었다. 나월환 살해 혐의로 대원 가운데 20여 명이 중국군 당국에 체포되어 8명이 사형 내지 징역형을 선고받았다.

한국광복군 총사령부는 제5지대를 해체하여 기존의 제1·2지대와 통합해 새로이 제2지대를 편성하고 지대장에는 총사령부 참모장인 이범석을 임명하였다. 제2지대는 총사령부와 제1지대의 간부를 상급 간부로 하고, 제5지대 대원들을 하급 간부로 하여 성립되었다. 그리고 시안시 창안구의 두취전으로 제2지대를 이전하였다. 이때 화북으로 북상하지 않고 남은 충칭 주둔 조선의용대 병력이 광복군 제1지대가 되었다. 지대장에는 김원봉을 임명하였다.

조선의용대가 한국광복군에 참여하게 된 계기는 1941년 3월부터 5월까지 대원의 80퍼센트가 중국공산당 지역인 화북으로 넘어간 사건이었다. 조선의용대는 국민당정부로부터 상당한 불신을 받는 터였다. 결국 1941년 12월 김원봉이 주도하는 소선민족혁명당은 임시정부 참여를 결정하게 되었다.

한국광복군 재편은 1941년 11월 '한국광복군 행동 9개 준승'에 의해 광복군이 중국군사위원회의 통제와 간섭을 받게 되면서부터였다. 조선의용대의 화북 진출에 자극받은 중국군사위원회가 한국광복군을 예속케 하여 통할·지휘하려는 의도로 한국광복군 통합을 강하게 요구해 온 것이다.

한국광복군에 대한 대대적인 개편과 함께 시안에 나가 있던 총사령부도 충칭으로 복귀하였다. 중국군사위원회에서는 한국광복군의 행동을 규제하는 '9개 준승'의 제5항에 "한국광복군 총사령부의 소재지

한국청년전지공작대 본부가 있던 얼푸가 29호

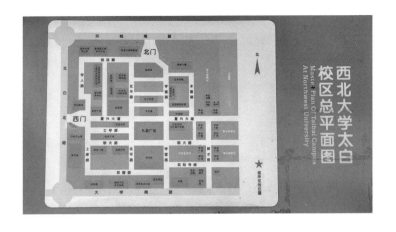

시베이대학의 평면도. 오른쪽 상단 운동장 일대가 한국청년특별반 훈련지이다.

는 군사위원회에서 지정한다"고 하여, 총사령부를 통제 가능한 지역에 두고자 하였다. 결국 총사령부는 1942년 9월 충칭으로 이전하였으며 시안에는 한국광복군 제2지대만 두취전에 주둔하게 되었다.

이처럼 한국광복군은 다양한 계기와 조건 속에 독립운동 세력의 통합 과정 속에서 확대되었다. 초창기에는 30여 명 인원에 장교급 인사만 참여하여 '사병들은 거의 없는 군대'였다. 그러나 차츰 초모 활동과 한청반 훈련 과정에 성과를 드러내고 한국청년전지공작대와 통합되면서 큰 규모로 확장되었고, 다시 충칭의 조선의용대와 합쳐졌다. 그러나 중국 측의 지휘 통제 요구로 한국광복군은 다시 재편되었고 시안 소재 한국광복군 총사령부는 충칭으로 복귀하고 말았다. 전진사령부로서의 역할은 줄어들 수밖에 없었다.

OSS훈련지 미퉈구쓰

참전을 위해 땀 흘리던 곳

심지연

임시정부를 충칭으로 옮긴 김구는 본격적인 무장투쟁을 위해 한국광복군 창설을 서둘렀다. 중국이 대일전쟁을 5년이나 계속하는 가운데 임시정부로서는 자체적인 군대가 없어 그저 바라보고 있는 현실이 너무나도 통탄스러웠기 때문이다. 1940년 9월 한국광복군 창설 작업을 마친 김구는 1940년 11월에는 총사령부를 전선과 가까운 시안으로 이전하여 재조직했다. 이후 시안은 한국광복군 활동의 중심지로서의 위상을 지니게 되었으며 특히 미퉈구쓰彌陀古寺는 학도병 출신의 한국광복군이 전쟁 막바지에 미군과 함께 국내에 침투 공작을 전개하기 위하여 OSS훈련을 받던 곳이다.

한국광복군 창설

　　1940년 5월 김구는 한국독립당 중앙집행위원장 명의로 한국 광복군 창설계획을 수립, 장제스 군사위원장에게 제출했다. 계획의 핵심은 임시정부가 자주적으로 한국광복군을 편성하여 중국군과 연합 작전을 전개하며, 중국이 중·한연합군총사령관을 맡아 연합사령부를 통해 광복군을 지휘·통솔한다는 것이었다.

　　장제스가 이 계획을 재가하자 임시정부는 한국광복군창설위원회를 조직했고, 김구가 위원장을 직접 맡아 한국광복군 창설 작업을 추진했다. 그 결과 1940년 9월 17일에는 충칭 시내 자링빈관에서 '한국 광복군 총사령부 성립전례'를 거행할 수 있었다. 이날 장제스가 축하문을 보냈으며 중국군과 국민당 및 공산당 관계자 200여 명이 참석하여 축하를 해 주었다. 이외에도 체코·터키·프랑스 등 충칭 주재 대사들도 참석하여 대성황을 이루어 한국광복군 창설에 대한 내외의 관심이 높았음을 알 수 있다.

　　한국광복군 창설 작업을 마친 김구는 1940년 11월에는 총사령부를 전선과 가까운 시안으로 이전하여 재조직했다. 시안에 한국광복군 3개 지대를 창설한 데 이어, 한국청년전지공작대가 한국광복군 제5지대로 편입됨으로써 시안은 한국광복군 활동의 중심지로서의 위상을 지니게 되었다. 광복군은 총 4개 지대를 거느리고 활동을 개시했다. 이들 지대는 화북華北·화중華中·내몽고內蒙古 등 중국 각 전선 지역에 배치되어 적에 대한 선전 활동과 포로로 잡힌 일본군의 심문 등 비전투

활동에 주력하는 한편, 인원 모집을 위한 노력도 게을리하지 않았다.

임시정부는 한국광복군이 창설되면 단시일 안에 사단 규모의 병력을 모을 수 있을 것으로 기대했으나, 이러한 기대는 빗나가고 말았다. 일본이 중국 연해안의 대부분 도시들을 상악한 데다가, 만주 지역에서 활동했던 독립군은 1930년대 이후 중국공산군과 연대하여 조직한 동북항일연군東北抗日聯軍에 참여한 일부를 빼고는 대부분 궤멸된 상태였기 때문이다. 그리고 이들 동북항일연군의 활동마저 백두산 지역으로 좁혀져 있었고, 일제가 점령한 중국 도시에 이주한 한인 대부분은 민족의식이 부족한 사람들이었기 때문이다.

이처럼 어려운 여건에서도 한국광복군이 각 지역에서 선전 활동을 하고 군인을 모집하는 상황에서 뤄양에 있던 조선의용대원 100여 명이 1941년 3월과 5월 사이 황허를 건너 공산군 8로군 지역으로 넘어가는 사건이 발생했다. 조선의용대는 의열단을 창설했던 김원봉이 1938년 10월 후베이성 한커우에서 결성한 무장 조직으로, 임시정부와 별도로 독자적인 활동을 하다가 한국광복군이 창설되자 중국의 종용으로 한국광복군 1지대로 편입되어 활동하고 있었다.

상황이 이렇게 된 것은 공산주의에 심취한 일부 조선의용대원들의 의향과 일본군과 직접 전투하고 싶은 의지, 그리고 당시 충칭에 있던 저우언라이의 공작도 어느 정도 작용하여 이들이 국민당 관할지역을 떠나 공산군 활동 지역으로 넘어간 것으로 분석된다. 이로 인해 조선의용대는 해체되어 한국광복군으로 편입되고, 김원봉에 대한 중국정부의 신뢰는 추락하고 말았다. 이 사건을 계기로 김구에 대한 중국정부의 신뢰가 상대적으로 높아졌고 한국광복군에 대한 지원도 늘어나게 되었다.

탈출한 학도병과 OSS 요원 훈련

전쟁이 막바지에 이르러 병력 자원이 줄어들자 1943년 10월, 일제는 조선에 학도지원병제를 실시하여 대학과 전문학교 학생들을 '지원 입대' 명목으로 강제로 일본군에 입대시켰다. 이들 중에는 민족의식을 가진 청년들도 많았는데, 한국광복군의 입장에서 이들은 훌륭한 초모 대상이었다. 당시 장쑤성 시저우西州에는 일본군 지휘 본부가 있었고, 거기서 250킬로미터 떨어진 안후이성 푸양에는 한국광복군 3지대가 초모 활동을 하고 있었다.

한국광복군의 이와 같은 초모 활동에 영향을 받아 시저우 근처에서 탈영한 학도병이 1944년 여름에는 100여 명으로 늘어났는데, 이 중에는 후일 고려대학교 총장을 지낸 김준엽과 사상계를 창간한 장준하도 있었다. 한국광복군 3지대는 이들 탈영한 학도병들을 서쪽에 있는 장시성 린촨臨川에 있는 중국군 중앙군관학교 린촨분교로 보내 훈련을 받게 했다. 훈련을 마친 학도병 중 일부는 임시정부가 있는 충칭으로 가기를 희망해 졸업식 당일인 1944년 11월 30일, 53명이 충칭을 향해 출발했다. 린촨과 충칭 사이의 직선거리는 1000킬로미터이지만, 실제로는 2~3배나 되는데, 이 거리를 도보로 걸어 두 달 만인 1945년 1월

문화대혁명에 파괴되어 바닥에 세워 놓은 미퉈구쓰 현판

문화대혁명 때 파괴되어 복구 중인 미퉈구쓰

뒤쪽에서 본 미퉈구쓰

말에 이르러서야 이들은 충칭 임시정부청사에 도착할 수 있었다.

학도병들은 임시정부 요인들의 열렬한 환영을 받았을 뿐만 아니라, 국제사회의 집중적인 관심의 대상이 되기도 했다. 특히 미국이 이들의 존재에 착안하여 대일 전쟁을 승리로 이끌 방안을 구상했는데, 이를 위해 전략사무국(OSS: Office of Strategic Services)이 중심이 되어 한인 지하공작원을 훈련시켜 한반도에 잠입시키는 작전을 마련했다. OSS 는 한국광복군이 일본군을 탈출한 학도병 출신이 다수라는 사실에서 한반도 침투 임무에 가장 적합한 인물이라는 것을 간파한 것이다.

임시정부도 OSS훈련을 받은 한국광복군이 미군과 함께 국내 침투 공작을 전개하는 것에 커다란 기대를 걸었다. 그리하여 1945년 4월 15일 한국광복군 사령부와 주중국 미군 사이에 군사협정이 체결되었다. 한국광복군을 대상으로 3개월간 비밀 훈련을 실시하고 훈련을 마친 한국광복군을 한반도에 투입하여 미군의 상륙을 돕는다는 내용이었다. 미군은 인적이 드문 시안 교외의 미퉈구쓰彌陀古寺라는 절 뒤편에 있는 산악 지대를 한국광복군의 훈련지로 택해 5월부터 훈련을 실시했다.

OSS가 구상한 이 작전에 따라 시안에서 미국 군관들의 지도 아래 한국광복군에 대한 특수 훈련이 실시되었고, 1945년 8월 7일에는 훈련을 받은 제1기생 50명의 졸업식이 거행되었다. 이들은 한국광복군 국내 '정진대'라고 명명되었고, 같은 날 제2기생이 입대했다. 이날 김구는 한국광복군 총사령관 지청천을 대동하고 시안에 도착하여 졸업식에 참석한 후 이들의 훈련 모습을 보고 큰 감명을 받아 다음과 같이 회고했다.

> 청년 일곱 명을 인솔하고 종남산 봉우리에 올라가서 몇백 길 절벽 아래로 내려가 적정을 탐지하고 올라오는 것이 목표였는데 소지품은 오로지 몇백 길의 숙마 밧줄뿐이었다. 청년 일곱 명이 회의한 결과 그 숙마 밧줄을 여러 번 매듭지은 다음 한 끝을 봉우리 바위에 매고 다른 한 끝을 절벽 아래로 떨어뜨린 후 그 줄을 타고 내려가서 나뭇가지를 하나씩 입에 물고 올라오니 목표는 이로써 달성된 것이었다.

　이외에도 김구는 한국광복군의 폭파술과 사격술, 비밀리에 강을 건너는 기술 등의 실험을 차례로 시찰했다. 한국광복군을 훈련시킨 미군 장교들은 김구에게 "중국 학생 400명을 모아 훈련하면서 시험해 보았어도 발견하지 못한 해답을 한국광복군에서 발견하는 성과를 올렸다"고 말하면서 "전도 유망한 국민"이라는 찬사를 보냈기에, 김구는 큰 감명을 받았다. 그러나 이러한 감명은 곧 통한의 감정으로 바뀌고 말았다. 8월 8일 소련이 일본에 선전포고를 했고, 8월 10일에는 일본이 중립국을 통해 항복 의사를 전해 왔기 때문이다.
　꿈에 그리던 일본의 항복이 눈앞의 현실로 다가왔지만, 이 소식을 들었을 때 김구는 "희소식이라기보다 하늘이 무너지고 땅이 갈라지는 느낌이었다"고 술회했다. 몇 년을 애써서 참전을 준비해 왔는데, 이 모든 것이 물거품이 되고 만 것에 대한 통한 때문이었다. 전쟁의 종식으로 한국광복군은 창설 목적을 달성할 수 없었고, 시안에서 피와 땀을 흘리며 익힌 특수 기술도 그 의미를 찾을 수 없게 된 데 대한 애석함 때문이었다.

미뭐구쓰는 현재 시안시 창안長安현 난우타이산南五臺山 국가삼림공원 내에 있는 오래된 사찰로, 문화대혁명 때 홍위병들에 의해 파괴된 것을 1994년 11월 복원하여 현재의 모습을 갖추게 되었다. 필자가 방문했던 2018년 7월 8일, 비가 내리는 날씨임에도 불구하고 주변 도로를 비롯하여 복원 작업이 진행되고 있었다. 그러나 사진에서 보듯이 절의 이름을 돌로 새긴 현판은 아직 붙이지 못해 한쪽 구석에 나뒹굴고 있는 상태이며, 정문도 당시와는 다른 모습으로 복원이 이루어지고 있어 많은 아쉬움을 남기고 있다.

김구의 충칭 생활기

푸더민

1919년 4월 11일 상하이 프랑스 조계에서 성립된 대한민국임시정부는 윤봉길 의거 후 부득이 상하이를 떠나지 않을 수 없었다. 이후 온갖 고초를 겪으며 항저우·자싱·전장·창사·광저우·류저우 등지를 전전하였다. 1938년 중추절中秋節 직전, 당시 임시정부 국무위원을 맡고 있던 김구는 중국 국민정부가 이미 충칭으로 이전한 상황에서, 임시정부를 광저우에 두는 것은 중국정부와의 연계에 어려움이 많을 것을 염려하였다. 항일 복국 운동의 새로운 국면 창출을 결심한 김구는, 우한에 머물고 있던 장제스에게 전보를 보내 임시정부를 충칭으로 옮길 수 있도록 요청하였다.

항일 복국의 새 국면 창출을 위해 충칭으로

장제스의 승인을 받은 직후 김구는 조성환·나태섭과 함께 창사로 가 후난성 주석이자 결사 항전을 주장하던 애국장령 장즈중張治中을 예방하였다. 임시정부를 충칭으로 이전하는 데 도움을 달라는 김구의 요청을 받은 장즈중은 힘닿는 데까지 돕겠다고 흔쾌히 약속하였다. 전시 상황이었던 당시, 교통수단을 구하는 것은 극히 어려웠다. 후방으로 가려는 난민들도 엄청나게 많았다. 장즈중은 다방면으로 수소문한 끝에 시난西南자동차회사로부터 구이양貴陽까지 가는 차표 3장을 구할 수 있었다. 차표와 함께 장즈중은 구이저우貴州성 주석 우딩창吳鼎昌에게 일행의 편의를 부탁하는 소개장을 써 김구에게 건네주었다.

중추절 당일에야 김구 일행은 낡은 차에 비집고 올라타서 길을 떠날 수 있었다. 산을 넘고 고개를 돌아가는 여정이 계속되었다. 앞서가는 난민들 때문에 길이 막혀 쉬어 가기도 하여 10여 일 만에 비로소 구이양에 도착할 수 있었다. 구이양에서 다시 8일을 기다린 뒤에야 우딩창이 간신히 차 한 대를 마련해 주었다. 김구 일행은 또다시 길고 험한 여정에 나서 며칠 뒤에야 녹초가 된 몸으로 충칭에 도착할 수 있었다.

김구 일행 3명은 추치먼儲奇門에 위치한 홍빈뤼서鴻賓旅社 3층 25호에 여장을 푼 뒤, 즉시 국민당 중앙당부와 연락을 취하였다. 다음 날 국민당 비서장 겸 중앙통계국장인 주자화朱家驊와 부국장 쉬언쩡徐恩曾이 쩡자옌曾家巖 국민당 중앙당부 판공실에서 김구 등 세 사람을 접견하였다. 국난을 맞아 내천內遷한 당·정 기관과 공장에 근무하는 인원이 많은 데다 난민은 더욱 많아, 당시 충칭 시내에 거처를 구하는 것은 쉽지 않았다. 이에 임시정부 인원들은 우선 치장綦江에 거주하기로 결정하였다.

대한민국임시정부가 옮겨 왔음을 닐리 알리기 위해 김구는 홍빈뤼서에서 기자초대회를 갖고, 「삼가 중국 민중에게 고하는 글」을 발표하여 큰 반향을 불러일으켰다. 이 글이 발표된 뒤 김구는 충칭에 있던 수많은 당·정·군 각계와 문화단체로부터 환영과 지지를 표하는 전화를 받았다. 당시 국민당 군사위원회 부위원장을 맡고 있던 펑위샹馮玉祥 장군은 관저로 김구를 초청하기까지 하였다.

다음 날, 조성환을 치장으로 보내고 나태섭에게는 전보 수발 임무를 맡긴 김구는 홀로 셰타이쯔歇台子에 있는 펑위샹 장군의 임시관저 캉워러우抗倭樓를 찾았다. 열렬한 환대를 받은 김구는 펑위샹에게 충칭으로 서천西遷한 대한민국임시정부의 공작을 지지하고 도움을 줄 것을 청하였다. 펑위샹은 "중한 양국은 공동의 적과 싸우고 있습니다. 왜놈들을 중국에서 쫓아내고, 한국에서 쫓아내야 합니다. 적들이 점령한 모든 땅에서 쫓아내야 합니다! 우리의 강산을 되찾고, 피침략국가와 민족에게 독립을 찾아 주어야 합니다"라며 흔쾌히 김구의 청을 수락하였다. 두 사람은 장시간 오랜 친구처럼 정겨운 환담을 나누었다.

김구가 작별을 고하자 펑위샹은 '항왜抗倭' 두 글자를 써 김구에게 선물하였다. 이에 답하여 김구는 '독립獨立' 두 글자를 써 펑위샹에게 건넸다. 펑위샹은 "항왜독립이라, 좋습니다! 김구 선생, 이 글씨들을 저한테 맡겨 주시면 근사하게 표구해서 벽에 걸어 놓고 싶습니다. '항왜

독립'이야말로 중·한 두 나라 인민의 공통된 바람이 아니겠습니까"라며 호탕한 웃음을 지었다.

홍빈뤼서로 돌아온 김구는 광저우에 머물고 있는 '대가족'을 생각하니 마음이 무거웠다. 급히 나태섭을 부른 김구는 광저우로부터 소식이 있는지 물었다. 나태섭은 대한민국임시정부와 3당의 구성원 및 가족들이 안전하게 류저우에 도착하였다는 전보가 있었다고 보고하였다. 이 소식을 듣고서야 비로소 김구는 마음속 돌덩이를 내려놓은 듯 조금이나마 안심할 수 있었다.

주자화의 의견에 따라 조성환은 분위기를 살피기 위해 치장을 둘러보았다. 현성縣城은 비록 협소하였으나, 충칭의 남대문이라 할 수 있는 치장은 교통의 요충으로 중시되는 곳이었다. 일찍 중국으로 건너와 항일독립운동에 투신하였던 조성환은 중국어가 유창하였다. 거리에서 만난 몇 사람에게 수소문한 뒤 그는 현장縣長 리바이잉李白英을 만나기 위해 현정부를 찾아갔다. 황푸군관학교 출신의 리바이잉은 황푸군관학교 재학 시절 한국 애국지사들과 접촉이 있었다. 항일 전쟁이 시작되자 결사항전을 주장한 그는 애국심이 투철한 진보적 인물이었다. 그는 대한민국임시정부가 국민당정부와 장제스의 지지를 받고 있음을 잘 알고 있었다. 더불어 쉬언쩡이 직접 전화를 걸어 한국 친구들의 주거 문제 해결에 협조를 청하였기에, 조성환의 방문을 기다리고 있었다.

조성환이 사무실에 모습을 보이자 리바이잉은 반갑게 그를 맞이하였다. 조성환이 자리에 앉자 리바이잉은 "조 선생, 귀국 임시정부가 충칭으로 이전하였다는 소식은 쉬언쩡 선생의 전화를 받아 알고 있습니다.

이미 경찰서장에게 조 선생을 모시고 구난古南지구에 가 적당한 집을 물색하도록 지시하였습니다"라며 적극적인 도움의 뜻을 표시하였다.

자리에서 일어난 조성환은 "임시정부 전체 성원을 대표하여 현장님의 열정과 관심에 깊은 감사의 뜻을 표합니다!"라며 머리 숙여 감사의 인사를 전하였다.

조성환의 인사에 리바이잉은 "조 선생, 너무 예를 갖추실 필요 없습니다. 우리 중·한 두 민족은 일본제국주의라는 공동의 적과 맞서 싸우는 동지이자 한 가족입니다. 여러분들의 어려움을 해결하는 것은 우리의 책임이기도 합니다"라고 답하였다.

이에 조성환은 "그렇다면 현장님만 믿겠습니다. 저는 빨리 집을 보러 가야겠습니다"며 재차 감사의 뜻을 전하였다.

리바이잉은 즉시 경찰서에 전화를 걸어 손님이 방문할 것임을 통보하고, 현정부 직원 중 한 사람을 불러 조성환을 경찰서까지 안내하도록 하였다.

경찰서장의 안내를 받은 조성환은 퉈완沱灣 린장臨江가 43호에 거주하는 천보쉰陳伯勳, 싼타이좡三台莊 주인 라오판저우饒範舟, 구난진 상성上升가 30호 천자궁관陳家公館 주인 취싱탄屈星潭과 관인옌觀音岩 주인 웨이얼魏二 부인 등을 차례로 만나 사정을 설명하고 협조를 구하였다. 한국 항일지사들이 거주할 집을 구하고 있다는 설명을 들은 이들은 흔쾌히 집을 빌려주겠다고 하였으며, 심지어 집세를 받지 않겠다는 사람도 있었다. 이렇게 하여 불과 이틀도 되지 않은 짧은 시간에 임시정부가 잠시 치장에 머물기 위해 필요한 주거 문제가 전부 해결되었다.

난제를 해결한 조성환은 기쁨과 감동에 겨워 충칭으로 돌아가 김구에게 상황을 보고하였다. 며칠 뒤 김구는 조성환과 함께 치장에 가 집들을 둘러본 뒤 일일이 집주인들을 찾아 감사의 뜻을 전하였다. 아울러 조성환에게 필요한 가구와 집기들을 서둘러 마련하도록 분부하였다. 충칭으로 돌아온 김구는 대한민국임시정부 간부와 가족의 교통편 마련을 위해 유관 기관과 교섭하였다. 한편 사무원 두 명과 함께 치장에 남은 조성환은 목수를 청해 가구를 만들고, 미장이를 불러 가옥을 수리하는 등 눈코 뜰 새 없이 바삐 움직였다.

그 사이 김구는 임시정부 인원과 가족의 운송을 위한 교통편 마련에 분주하였다. 당시 국민정부로서도 차량을 배차하기 쉽지 않은 상황이었다. 다행히 펑위샹 장군의 적극적인 도움에 힘입어 군용차량 6대를 마련할 수 있었다. 국민정부에서는 필요한 비용을 제공하였다. 모든 준비가 완료되자 김구는 나태섭을 류저우로 보내 임시정부 인원들을 모셔 오도록 하였다.

그로부터 한 달 정도가 지난 1939년 3월 어느 날 오후, 치장 현성 퉈완 린장 가에 자동차 경적 소리가 울려 퍼졌다. 임시정부 인원과 가족을 태운 군용차량 6대는 린장 가에 가까운 위왕먀오禹王廟 앞에 멈추어 섰다. 린장 가 부근에는 치장허綦江河가 흘러 위왕먀오 앞에 큰 모래톱을 형성하였다. 군용차량에서 내린 임시정부 인원과 가족들은 모두 모래톱에 집결하였다. 보름간의 힘든 여정에서 잠도 제대로 자지 못하고, 먹을 것도 제대로 먹지 못해, 모두들 피곤하고 초췌한 모습이었다. 눈은 움푹 들어가고 햇빛에 그을려 얼굴색은 검게 변하였지만, 모두들 정신만큼은 굳세어 대오는 한 치의 흐트러짐도 없었다. 그들의 눈빛은 형형하여 굳은 의지가 넘쳐 보였다. 일부 청년들은 한국어로 항일 가곡을 합창하기도 하였다.

삼천리강산에 무궁화가 피었네

고개 들어 북녘을 바라보니 그리운 고향이 보이네

일본 강도들이 아름다운 조국 강산을 침점하였네

삼천만 동포는 망국민이 되고 말았네

독립을 위해, 광복을 위해

모두들 한마음으로, 굽히지 않고 싸우리

일본 강도들을 남김 없이 쓸어버려

대한민족의 독립, 자유와 해방을 쟁취하리라

집주인 천보쉰·라오판저우·취싱탄과 웨이얼 부인은 황급히 달려나와 귀한 손님들을 맞이하였다. 조성환은 먼저 치장에 도착한 몇몇 한국인과 함께 먼 길을 온 일행의 거처를 준비하느라 동분서주하였다. 구경 나왔던 주민들도 이고 지고 짐을 나르는 데 도움을 주었다. 장거리 여행에 힘들었던 대한민국임시정부 '대가족'은 여러 사람들의 도움으로 금세 각자의 새집에 찾아들었다.

'대가족'이 무사히 도착했다는 소식을 접한 김구도 급히 치장으로 내려와 천보쉰의 집에 머물렀다. 모두의 안전을 재차 확인한 김구는 즉시 대한민국임시정부의 원로인 이동녕·조성환과 함께 다음 업무

추진 계획을 짜느라 여념이 없었다.

당일 저녁, 집주인 천보쉰 · 라오판저우 · 취싱탄과 웨이얼 부인은 풍성한 음식을 장만하여 먼 길을 찾아온 한국인들을 환영하였다. 치장 구청古城에는 중 · 한 두 나라 인민의 진한 우의의 정이 넘쳐 났다.

이동녕과 모친의 죽음

'대가족'을 안치한 뒤 김구는 충칭과 치장을 오가며 분주히 움직였다. 당시 그가 가장 심혈을 기울인 것은 광복진선계열 3당과 기타 당파의 통일을 이루는 작업이었다.

이 무렵 돌연 모친이 위독하다는 소식을 접하게 되었다. 당시 김구의 모친 곽낙원은 이미 80세의 고령이었다. 곽낙원은 김인과 김신 두 손자를 데리고 임시정부를 따라 광저우를 거쳐 류저우에 도착할 무렵부터 병세가 심해지고 있었다. 김인 형제는 할머니의 병 치료에 도움이 될 수 있을 것이라는 기대를 안고 아버지 김구를 만나기 위해 충칭행을 결심하였다.

충칭 우체국에서 김인과 조우하여 사정을 들은 김구는 급히 샤반청下半城 웨라이뤼서悅來旅社에 머물고 있던 모친을 홍빈뤼서로 모셔 왔다. 얼마 뒤 김홍서가 자기 집으로 모시기로 하여 난안 어궁바오鵝公堡 쏸자화위안에 있는 김홍서의 집에 모친을 모시고 병원을 찾아 검사와 치료를 받도록 하였다. 모친을 편히 모신 김구는 당파 통일과 항일 복국을 위한 사업에 전력을 기울였다. 그런 와중에도 병석에 계신 어머니의 상황을 살피기 위해 매일 저녁이면 난안 쑨자화위안으로 가 어머니를 뵈었다.

그러던 이느 날, 자신의 병세가 회복 불가능함을 의식한 곽낙원은 김구의 손을 잡고 "우리나라의 독립을 앞당기기 위해 더욱 힘써 주게. 나는 병이 깊어 그날까지 기다릴 수 없을 것 같구나! 조국 광복 후 귀국할 때 나와 애들 어미 유골을 가져가 고향에 묻어 주게나" 하며 부탁하였다.

김구는 눈물을 흘리며 "어머니! 걱정 마세요, 무슨 수를 써서라도 어머니의 병을 고치도록 하겠습니다!"라고 위로의 말을 건네었다.

곽낙원은 머리를 가로젓고 두 손자를 가리키며 "내 병은 내가 누구보다 잘 알고 있네. 자네들이 처한 어려움이 무엇인지도 잘 알고 있지. 내가 죽고 난 뒤 인이와 신이를 잘 키워 나라를 위한 일에 힘을 보탤 수 있게 해야 하네"라고 당부하였다.

"잘 알겠습니다"라고 대답하면서도 김구와 두 아들은 하염없이 눈물을 흘리며 병상을 지키는 수밖에 없었다.

얼마 후 1939년 4월 26일, 김구의 모친 곽낙원은 향년 81세를 일기로 어궁바오 쑨자화위안에서 숨을 거두었다. 김홍서의 부인과 수많은 한인들의 도움으로 곽낙원의 장례 준비가 진행되었다. 어려운 형편이었지만 최선을 다했다. 한국의 전통 의식에 맞추어 염습을 한 후 입관하고 관 뚜껑을 닫은 뒤 빈소가 마련되었다. 영정 앞에 놓인 상에는 과일, 떡, 향과 초가 마련되고 애도 의식이 거행되었다.

김구는 모친의 험난했던 중국 생활을 떠올리며 다시 한 번 애통함에 휩싸였다. 자싱에서 난징으로, 다시 창사와 광저우를 거쳐 포산을 전전하다 류저우에서 충칭까지, 모친의 지난 수년은 고난의 연속이었다. 그 사이 겪었을 고초를 생각하니 눈시울이 뜨거워지지 않을 수 없었다. 수십 년 핍박과 고난을 겪고도 끝내 조국의 자유독립을 보지 못하고 한 많은 생을 마감한 어머니를 생각하며, 김구는 비통함에 숨도 제대로 쉴 수 없는 지경이었다. 가까스로 정신을 차린 김구는 어머니의 영전에 엎드려 "어머니! 편히 쉬세요! 이 못난 아들 결코 어머니의 뜻을 저버리지 않겠습니다. 인이와 신이를 잘 보살피고, 조국 독립을 위해 끝까지 분투하겠습니다"라며 슬픈 눈물을 흘리며 약속하였다.

다음 날 곧바로 출상 의식이 행해졌다. 평소 곽낙원을 존경해 마지않던 대한민국임시정부 모든 구성원들이 뜻을 모아 난안 허상산和尚山에 석실을 마련하여 곽낙원을 모시기로 하였다. 김구와 두 아들은 충칭에 거주하는 한인들과 함께 허상산으로 가 곽낙원을 안장하였다. 그렇게 곽낙원이 세상을 떠나고 대가족이 치장에 도착한 지 1년쯤 지난 어느 날, 돌연 치장으로부터 이동녕이 위독하니 속히 내려올 것을 청하는 전보가 도착하였다.

김구는 독립혁명을 위해 쉬지 않고 분투하면서도 남을 돕는 데 아낌이 없었고, 절대 공을 다투지 않으며 막후에서 묵묵히 자신의 일을 해나가던 이동녕의 일생을 떠올렸다. 지난 20여 년간 이동녕은 변함없이 김구의 훌륭한 스승이자 좋은 친구였다. 이동녕이 위독하다는 소식을 접하자 김구는 만감이 교차하지 않을 수 없었다. 즉시 하던 일을 멈춘 김구는 치장 튀완 린장가 43호로 달려갔다. 당시 이동녕의 병세는 심각하여 회생의 가망이 없어 보였다. 조완구·이시영·지청천·조소앙 등 많은 독립운동계 요인과 임시정부 가족들이 병상을 지키고 있었다. 김구가 도착하사 소완구가 허리 숙여 이동녕의 귓가에 입을 대고 "석오 선생님, 선생님께서 보고 싶어 하던 백범 선생이 왔습니다"라고 속삭였다.

조용히 눈을 뜬 이동녕은 떨리는 손으로 힘겹게 김구의 손을 붙잡고, "백범, 왔는가. 그래! 내가 죽은 뒤⋯ 자네의 짐이⋯ 더욱 무거워지겠군⋯ 통일과 단결을⋯ 확대해야 할 것이고, 독립운동도⋯ 견지해야 할 것이오⋯ 임시정부를⋯ 유지해 나가야지⋯⋯" 하며 어렵사리 몇 마디를 건네고 다시 눈을 감더니 호흡이 점차 약해졌다. 이때 병상 주위에 있던 사람들이 비통함을 감추지 못하고 "주석님! 석오 선생님"을 동시에 외쳤다. 잠시 후 이동녕은 깊은 숨을 몰아쉰 뒤 아주 작은 소리로 "광복조국" 한마디를 남겼다. 이어 머리가 옆으로 돌아가더니 김구를 잡고 있던 손이 서서히 풀렸다.

———
이동녕 장례식

비통한 심정에 김구는 목 놓아 "석오 선생님! 형님! 선생님! 가시면 안 돼요"를 외치며 대성통곡하였다.

병실을 지키던 모든 사람들의 통곡 소리가 멀리까지 퍼져 나갔다. 김구·지청천 등 대한민국임시정부 요인들과 가족들은 침통함 속에서도 차질 없이 장례를 준비하였다. 한국 전통 의식에 맞추어 이동녕의 몸을 깨끗이 닦고 수의를 입혀 입관을 마치고 빈소를 꾸몄다. 김구는 중국인 왕화이칭王懷青·왕사오윈王少雲을 청하여 "동녕 주석께서는 타향에서 돌아가셨고, 두 사람은 현지인이라 사정에 밝을 것이니, 석오 선생께서 편히 쉴 수 있는 묘지를 대신 물색해 달라"고 정중히 부탁하였다.

친절하고 겸손한 한국인들은 평소 막일꾼에 불과한 두 사람을 절대 아랫사람 취급하지 않았다. 같은 식탁에서 식사하는 것을 마다하지 않고, 항상 자신들의 의견을 존중해 주었던지라, 왕화이칭과 왕사오윈은 한국인들과 좋은 관계를 맺고 있었다. 이들이 어려운 상황에 처하자 두 사람은 힘껏 도움을 주고자 하였다. 즉시 마을로 돌아온 두 사람은 가가호호를 돌며 적당한 묘지를 찾고자 하루 종일 애썼으나 성과가 없었다. 마음이 급해진 두 사람은 동성同姓의 왕 족장을 찾아가 상의하였다. 한국 항일 영수를 안장할 곳이 없어 애태우고 있다는 소식을 접한 왕 족장은, 유팡거우油房溝 스포강石佛崗에 있는 집안 묘원 중 가장 좋은 자리를 이동녕의 묘지로 제공하였다.

못자리가 정해지자 왕화이칭과 왕사오윈은 이어 천도제를 지낼 스님과 운구를 맡을 일꾼을 구하였다. 모든 준비를 마치자 두 사람은 비로소 현성으로 돌아가 김구에게 상황을 보고하였다.

출상 당일, 대한민국임시정부는 이동녕 주석의 마지막 길을 위해 성대하고 엄숙한 추도 의식을 거행하였다. 추도식에는 치장에 머물고 있던 모든 한국인과 중국의 지인들이 참석하였다. 베로 만든 흰색 상복을 입은 사람들의 손에는 모두 흰 꽃이 들려 있었다. 슬픔을 감추지 못해 대성통곡하는 사람들로 가득한 추도회장의 분위기는 특별히 장엄하고 숙연하였다.

중국 우인友人들도 "바다 위로 밝은 달이 지니 바람과 연기도 사라지네. 나라는 망했으나 마음은 여전하니, 굳은 뜻은 강철과 같구나. 하늘도 슬퍼하여, 오뉴월에 눈보라가 휘날리네. 국화꽃 가득 핀 언덕에 상서로운 바람이 부네. 마지막 쉬는 곳에 높은 절개가 감싸네. 아까운 이 세상을 뜨니, 치장의 물길도 슬피 우는구나" 등 만시挽詩를 보내 애도의 뜻을 표하였다.

대한민국임시정부를 대표하여 김구의 추도사가 있었다. 먼저 혁명을 위해 분투한 이동녕 주석의 일생 사적을 소개한 김구는 "석오 선생님, 당신은 우리의 영원한 스승이자 전우였습니다. 훌륭한 영수이신 선생님이 남기신 마지막 유언 '조국광복' 네 글자를 우리는 영원히 잊지 않을 것입니다. 단결과 통일을 강화하여 대한민국의 독립 해방을 위해 노력하고 분투할 것입니다! 석오 선생님, 편히 쉬십시오"라는 마지막 인사를 전하며 침통함을 감추지 못하였다.

대나무를 엮어 만든 상여에 실려 태극기가 덮인 영구靈柩 사방은 흰 종이꽃으로 치장되었다. 폭죽 소리가 울려 퍼지는 가운데 200여 명의 장례 행렬은 이동녕의 영구가 스포강 정상의 묘지에 이를 때까지 뒤를 따랐다.

이동녕의 장례를 마친 김구는 한동안 치장에 머물며 당파 통일을 위한 설득 작업을 진행하였다.

투차오에 신한촌을 세우다

임시정부 요인들과 가족이 치장에 머물며 전열을 가다듬던 1년여 사이, 김구의 부단한 노력으로 마침내 광복진선계열 3당이 한국독립당으로 통일되었다. 대한민국임시정부도 개조를 단행하여 김구가 주석에 취임하면서 생기를 되찾게 되었다. 더 이상 치장에 머물러서는 형세의 변화와 발전에 발맞출 수 없다고 판단한 김구는, 국무위원들과 향후 발전 계획을 신중하게 논의하였다. 그 결과 우선 김구와 박찬익이 충칭으로 가 새로운 활동 장소와 가족들의 거처를 마련하기로 하였다. 그러나 항전 시기 임시 수도인 충칭의 사정은 녹록하지 않았다.

김구는 지청천 장군과 엄 대위(엄항섭)의 부인을 비롯한 몇 호의 한인들이 이미 투차오에 자리 잡고 있는 것을 떠올렸다. 이에 김구는 주자화에게 아예 한인들이 토지를 매입하여 집을 지어 사는 것이 좋지 않겠느냐는 의견을 제시하였다. 김구의 의견이 타당하다고 여긴 주자화는 진제위원회와 연락을 취하여 우선 양류楊柳가에 한인들을 안치하기로 결정하였다. 그러나 이곳은 일본군의 공습이 잦았던 곳인지라 얼마 뒤 허핑和平로 우스예吳師爺항 1호의 2층짜리 집을 세내어 한인들을 안치하기로 하였다.

이어 박찬익은 재차 중국 진제위원회와 접촉하였다. 일찍이 중국으로 망명하여 동맹회同盟會에 가입하였던 박찬익은 유명한 '중국통'이었다. 쑨원을 비롯하여 중국국민당 상층부와 매우 긴밀한 관계를 맺고 있던 박찬익은, 쑨원이 호법정부護法政府를 성립하였을 때 대한민국임시정부의 주광둥駐廣東 대표를 지내기도 하였다. 중국에 오래 거주한데다 국민당정부 내에 많은 친구들이 있었던 그의 유세와 알선으로 임시정부는 6만 원의 지원금을 얻게 되었다.

훈풍이 불고 햇살이 따스해지면서 녹음이 짙어지고 들꽃 향기가 은은하게 퍼져 나가던 초여름 어느 날, 김구와 박찬익은 투차오 향장鄉長 허이아오何倚鼇를 찾아갔다. 임시정부 요인과 가족이 지낼 집을 지을 토지 매입을 알선하고 집 짓는 기술자를 소개해 달라는 부탁을 하기 위해서였다.

사정 얘기를 들은 허이아오는 "한국 친구들이 우리 마을에 집을 지어 살겠다니 매우 환영할 일입니다. 내가 보기에 건물 터는 투차오창土橋場에서 약 1킬로미터 정도 떨어진 둥칸(東坎, 화시탄花溪灘이라고도 함)이 좋을 것 같습니다. 이곳은 양씨楊氏 집안의 공유지인데, 우리 향 제6보保 제4갑甲 관할구역입니다(현재는 화시진 화시촌). 우선 가서 살펴보시고 원하신다면 즉시 계약하도록 하시지요" 하며 한인들의 입향入鄉을 적극 지지하였다.

김구와 박찬익은 허 향장과 향공소 왕王 간사의 안내를 받아 화시탄에 도착하였다. 상당한 넓이의 개활지인 이곳은, 뒤로는 둥산강東山崗, 앞으로는 화시허花溪河의 중간에 위치한 풍수 좋은 곳이었다. 두 사람은 적당한 위치와 면적에 흡족해하였다. 발걸음으로 대략의 면적을 계산한 박찬익은, "건물 세 동 정도를 들이면 좋을 것 같습니다. 돈이 마련되면 둥산강에 정부에서 사용할 건물도 지을 수 있을 것 같습니다"라며 만족한 표정으로 김구에게 향후 계획을 설명하였다.

마을로 돌아온 허 향장은 6보 보장과 4갑 갑장을 불러 토지 매매 금액을 상의하도록 하였다. 논의가 끝나자 토지 매매계약서를 작성하였다. 계약이 끝나자 왕 간사는 현지에 사는 솜씨 좋은 미장이 장張 씨를 건축 책임자로 소개하였다. 모든 것이 순조롭게 진행되자 김구와 박찬익은 가벼운 마음으로 치장 퉈완으로 돌아갔다.

10월, 김구와 박찬익은 재차 투차오를 방문하여 건축 상황을 살펴보았다. 화시탄 건축 현장에 당도해 보니 3동의 기와집이 남향으로 가지런히 자리 잡고 있었다. 그 가운데 2동은 나무 기둥을 세운 팔작지붕 형태로 지붕에는 청기와가 얹어져 있었다. 나머지 1동은 흙벽으로 마무리하고 역시 청기와로 지붕을 덮은 모양이었다. 3동의 면적은 거의 비슷하였는데, 공히 횡량을 경계 삼아 앞뒤로 세 칸씩 구획되어 있었다. 김구와 박찬익은 만족스러운 표정을 지으며 건축 책임자인 장 씨에게 다가가 "생각보다 빨리 잘 지었습니다. 수고하셨습니다!"라고 감사의 인사를 건넸다.

건축 책임자 장 씨는 연신 담뱃대를 빨면서 마무리 미장일을 하고 있는 사람들을 가리키며 "앞으로 열흘 혹은 보름 정도면 공사가 마무리될 것입니다. 집 주위에는 소나무, 잣나무, 대나무 등을 심을 생각입니다. 한인들은 우리가 목근화木槿花라고 부르는 무궁화를 좋아한다고 들었습니다. 그래서 각 건물 앞마당에 무궁화도 심을 예정입니다. 가을이 되어 무궁화 꽃이 피면 참 보기 좋을 것입니다. 건물이 다 지어지고 한두 달 건조시키고 나면, 늦어도 연말에는 입주할 수 있을 것입니다"라며 진척 상황과 앞으로의 계획을 보고하였다. 장 씨는 자기가 생각하는 바가 스스로도 만족스러운 눈치였다.

김구는 장 씨의 손을 꼭 잡고 "아주 꼼꼼하시군요! 고맙습니다! 고맙습니다!"라며 진심으로 감사하는 마음을 표시하였다.

김구와 박찬익은 이어 충칭 시내로 들어가 허핑로 우스예항 1호의 상황을 살펴보았다. 2층짜리 건물의 보수 작업이 마무리 단계에 있음을 확인한 두 사람은 치장으로 돌아가 이사를 준비하도록 사람들에게 통보하였다.

한인들이 곧 이사할 것이라는 소문은 금세 치장 주민들 사이에 퍼져 나갔다. 소식을 접한 주민들은 닭과 달걀, 콩 등 가져올 수 있는 것들은 다 내어 들고 찾아와 아쉬운 마음을 나누었다. 서로 손을 꼭 잡고 마음속 정을 나누는 장면은 보는 이의 눈시울을 붉게 만들었다.

한국청년공작대의 남녀 대원들은 치장 주민들의 진정과 열정에 감동하여 눈물을 흘리지 않은 사람이 없었다. 그러면서도 춤과 노래 등을 열심히 연습하며 치장 주민들을 위한 고별 공연을 준비하였다.

이사 전날, 김구와 한국독립당의 조소앙·지청천·홍진 등 10여 명은 이동녕의 묘소를 참배하고 튀완으로 돌아왔다. 김구는 이어 왕화이칭을 앞세워 정성껏 준비한 조선식 바구니 2개, 나무로 만든 담뱃대 하나와 지팡이 2개를 가지고 천보쉰의 집을 찾았다. 집 안에 홀로 있던 천보쉰은 서재에서 지필묵을 펼쳐 놓고 웨페이岳飛의 자첩「만강홍滿江紅」을 모사하던 중이었다.

김구는 왕화이칭에게서 준비해 온 바구니, 담뱃대, 지팡이를 받아 천보쉰에게 건네며 "지난 1년여 동안 폐가 많았습니다. 죄송스러운 마음뿐입니다. 보잘것없지만 기념으로 받아 주십시오!" 하며 그간의 보살핌에 감사하였다.

선물을 받아 든 천보쉰은 감격한 듯 "백범 선생, 무슨 말씀을요! 한국 친구들의 마음이 담긴 이 선물은 무엇보다 귀한 것입니다! 부끄럽지만 고맙게 받겠습니다!"라며 답례의 인사를 하였다.

이날 저녁 대한민국임시정부는 차이바茶覇 노천광장에서 모닥불을 피워 놓고 치장 주민들의 지지와 도움에 감사하는 뜻의 연회를 베풀었다. 경찰국에 행사장 주변의 질서유지를 지시한 리바이잉 현장도 조소앙·지청천·홍진·박찬익 등 임시정부 요인들과 함께 맨 앞줄에 앉아 석별의 정을 나누었다. 김구는 한국독립당과 임시정부를 대표하여 리바이잉 현장과 치장 주민의 열정과 보살핌에 감사함을 표시하였다. 리바이잉 현장도 한국 친구들의 무사함과 독립 복국의 조기 실현을 미리 축하하는 짧은 인사말로 답사에 대신하였다.

한인들은 예로부터 춤과 노래를 즐기기로 유명하였다. 인사말이 끝나고 공연이 시작되었다. 맨 먼저 농악무 공연이 있었고, 이어 몇 명

의 젊은 여자들이 나와 「아리랑」과 「도라지타령」을 열창하였다. 「아리
랑」은 한국의 대표적 전통 민요로, 가사는 젊은 아낙이 장기간 집을 비
운 남편을 기다리며 그리움을 표시하는 내용이다. "아리랑, 아리랑! 낭
군님이 오시는 길은 멀고도 험하여라 ! 봄날 밤, 날은 어두워도 하늘에
별은 총총하기도 하여라. 우리의 이별 이야기는 길고도 길구나" 하는
가사와 곡조는 심금을 울리기에 충분하였다.

　「도라지타령」은 농촌 부녀자들이 산에 올라 산나물을 캐는 장면
을 묘사한 민요이다. "도라지, 도라지, 백도라지, 심심산천에 백도라
지……." 이 노래는 곡조는 단순하면서도 선율이 아름다워 활기가 넘
쳐나는 듯했다. 7~8명의 청년이 검무劍舞를 연출하자 분위기가 최고조
에 이르렀다. 악대의 주악에 맞추어 절도 있는 동작이 계속되었다. 청
년들은 춤과 함께 "칼을 창 삼아, 방패를 대포 삼아, 화력을 집중하여,
이리 떼를 박살 내고 독립을 쟁취하자! 해방을 이루자! 일본 강도들을
쫓아내자! 광복된 조국은 억만년 장구하리라!"라는 가사의 노래도 함

투차오 한인 거주지 옛터 표지석

께 불렀다.

　징 소리와 태평소 소리가 울려 퍼지는 가운데 마당놀이가 시작되었다. 이때는 김구·조소앙·지청천·홍진 등 임시정부 요인들도 모두 광장 가운데로 나와 함께 어울렸다.

　활활 타오르는 모닥불이 광장 주변 하늘을 붉게 물들이고, 우렁찬 노랫소리는 하늘에 닿을 듯하였다. 붉게 타오르는 모닥불처럼 중·한 두 나라 인민의 가슴도 더욱 뜨거워졌다. 의지는 더욱 굳어지고, 기개는 장대함을 더해 갔다. 공동의 적인 일본제국주의를 타도하자는 결심과 의지는 더욱 강해졌다.

한국광복군을 창설하다

　'신한촌' 건설이 완성되어 임시정부 요인과 가족 100여 명의 주거 문제가 해결되었다. 마음의 짐을 어느 정도 내려놓은 김구는 광복군 성립을 위한 준비에 박차를 가하였다. 대한민국임시정부에 예속된 군대를 건립하는 것은 그간 임시정부를 이끌었던 모든 영도자들의 바람이었다. 이는 또한 김구가 가장 심혈을 기울여 추진한 일 가운데 하나였다.

　어느 날, 김구는 지청천·유동열·김의한·이범석·김학규 등 요원들을 불러 모아 광복군 성립 문제를 깊이 논의하였다. 이들 가운데 지청천은 한말 무관학교와 일본 도쿄 육군사관학교를 졸업하고 신흥무관학교 교장, 한국독립군총사령 등을 지낸 인물이었다. 이범석은 윈난 강무당을 졸업하고 9·18사변 후에는 마잔산馬占山 장군이 이끄는 부대에 참가하여 작전과장으로 항일 투쟁을 진행하기도 하였다. 이 두 사람은 탁월한 군사 인재로 손색이 없었다. 논의 결과, 회의에 참석한 이들은 일치된 견해로 광복군 조직을 서두르기로 하였다. 중국 각지의 적후에 산재해 있는 한인 항일 무장대오를 하나로 조직하기로 결정한 것이다.

밤을 세운 논의 끝에 김구는 지청천·이범석과 함께 「한국광복군의 임무와 계획」 초안을 작성하였다. 다음 날, 이 초안은 국민당 중앙집행 위원회 중앙통계국에 제출되어 주자화를 통해 장제스에게 전달되었 다. 문건을 받아 본 장제스는 "허何 총참모장이 처리하라"는 비시批示를 내렸다. 허잉친何應欽은 김구에게 광복군의 편제·훈련·활동범위 등의 계획에 대한 구체적인 내용을 요구하였다. 이에 김구는 지청천·이범 석 등과 거듭 논의한 끝에 「한국광복군편련계획대강」을 작성하여 제 출하였다. 문건을 훑어본 허잉친은 "광복군 성립의 조건이 아직 성숙 되지 않았다. 후일 다시 논의하는 것이 좋겠다"는 의견을 첨부하여 반 려하였다. 이렇게 하여 광복군 성립이 미뤄지게 되었다.

김구는 결코 포기하지 않았다. 그는 펜을 들어 "천 번을 이지러져도 달의 본질은 남아 있고, 백 번 가지가 꺾여도 버드나무에는 새 가지 가 난다"는 구절을 적어 재차 노력할 것을 다짐하였다. 지청천이 광복 군 조직의 진행 상황에 대해 묻자 김구는, "우리는 몸뚱이를 성벽 삼 아 우리의 독립을 지켜 나가야 한다. 몸뚱이를 바탕 삼아 자손들의 존

엄을 지켜야 한다. 몸뚱이를 비료 삼아 우리 문화의 꽃이 열매 맺도록 해야 한다. 우리 일은 역시 우리 스스로 해결하자"며 엄숙한 표정을 지었다.

지청천도 김구와 같은 생각이었다. 이에 "다른 사람에게 기대어 일을 처리하려는 것은 옳지 않습니다. 우리 스스로의 힘으로 이루고자 할 때 비로소 우리의 군대를 건립할 수 있을 것입니다"라며 자력으로 광복군 성립을 이루어 내야 한다는 의지를 표명하였다.

지청천은 또한 동북항일연군·팔로군·신사군을 예로 들며, "이들 항일부대는 국민당정부의 경제적 지지를 받기는커녕 도리어 봉쇄와 압박을 당하고 있습니다. 그럼에도 그들은 자신들의 노력으로 적후에 6대 투쟁 구역을 확보하였습니다. 그 안에는 9000만의 인구가 살고 있고, 팔로군과 신사군은 50만 대군을 이루었습니다"라며 역시 자력 갱생만이 최상의 방법임을 강조하였다.

이에 김구는 "우선 미주와 하와이에 거주하는 교포들에게 전보를 보내 경제 지원을 요청하고, 내부적으로는 소그룹을 조직하여 광복군 성립을 위한 구체적 방안을 논의하자"며 화답하였다. 이에 따라 김구와 지청천은 박찬익·유동열·김학규·조경한·이범석 등과 논의하여 광복군창건위원회를 조직하였다. 다른 한편으로는 총사령부 인선을 확정하고, 중국 항일 적후敵後에 산재한 한인 무장 세력과 관련한 정보를 수집하는 데 주력하였다.

다방면에 걸친 협조와 연구를 거쳐 김구는 최종적으로 지청천을 총사령, 이범석을 참모장으로 정하는 한편 기타 고급 참모, 참모, 고급 부관, 부관, 통신관, 회계장, 회계, 군의 등 광복군 총사령부 기구와 인원을 확정하였다.

연구를 거쳐 광복군 총사령부는 임시정부 주석에 직속시키고, 총사령은 군대의 지휘와 통솔을 담당하기로 결정되었다. 그 외 참모장은 군대의 동원과 작전 계획의 제정, 군무부장은 인사와 예산을 담당하고, 사령부 산하에 10처를 두는 한편 특무대와 헌병대도 설립하기로 하였다. 또한 김구(임시정부 주석), 유동열(참모부장), 조성환(군무부장), 조완구(내무부장) 등으로 통수부를 조직하여 총사령부를 영도한다는 방안도 결정되었다. 기구와 인선에 대한 밑그림이 그려지자 김구는 30여 명의 간부를 시안으로 파견, 현지에서 활동 중인 조성환 등과 합류하여 한국광복군 총사령부를 성립하도록 하였다.

한국광복군은 이준식을 제1지대장으로 임명하여 산시山西 다퉁大同에 주재하도록 하고, 산시와 허난河南 두 성을 활동 범위로 정하였다. 공진원이 지대장을 맡은 제2지대는 쑤이위안綏遠 방면의 바오터우包頭에 주재하며, 활동 범위는 차하얼察哈爾성과 허베이河北성으로 정하였다. 김학규가 지휘하는 제3지대는 안후이安徽 · 푸양阜陽 일대에 주재하며, 활동 범위는 안후이 · 장쑤江蘇 · 산둥山東 등의 성으로 정하였다. 나월환 등이 이끌던 한국청년전지공작대는 제5지대로 개편하여 시안 · 뤄양洛陽 정저우鄭州 일대에서 활동하도록 하였다.

모든 사전 준비를 마친 광복군창건위원회는 9월 17일 광복군 총사령부 성립전례식을 갖기로 결정하였다. 광복군의 영향력 확대를 위해 김구는 대한민국임시정부 주석 겸 광복군창건위원회 위원장 명의로

「한국광복군선언」과 「임시정부공고」를 발표하여 광대한 한국 청년들의 광복군 참가를 호소하였다.

9월 17일, 하늘은 맑고 쾌청하여 따스한 햇볕이 대지를 덥히고 있었다. 리쯔바李子壩 자링빈관嘉陵賓館, 이곳에서 한국광복군 성립전례가 거행되었다. 개회 시간이 다가오자 충칭에서 활동하고 있던 수많은 정계 인사들이 속속 도착하였다. 당일 전례에는 펑위샹·쑨커孫科·위유런于右任·우톄청吳鐵城·류즈劉峙·바이충시白崇禧·판궁잔潘公展·왕스제王世傑·우궈전吳國楨·선쥔루沈鈞儒·타오싱즈陶行知·황옌페이黃炎培·왕판난王煩南 등 외에도 중국공산당 간부인 둥비우董必武·판쯔녠潘梓年도 참석하여 축하하였다. 한편 쑹메이링宋美齡은 중국부녀위로총회를 대표하여 중국 돈 10만 원을 광복군에 기부하였다.

단상에는 태극기가 장식되어 있었고, 식장 좌우 양쪽에는 "비록 초나라에 세 집이 남았어도 진나라를 멸망시킬 수 있다", "단군의 자손은 끝내 고국에 돌아가고야 말 것이다"라고 적힌 대형 표어가 붙어 있었다. 전례가 시작되자 맨 먼저 대한민국임시정부 김구 주석의 개막사가 있었다. 이어 외무부장 조소앙이 「한국광복군 총사령부 성립보고서」를 선독하였고, 한국독립당을 대표한 조완구의 축사에 이어 충칭 위수사령 류즈가 장제스 위원장의 축사를 대독하였다.

치사가 끝난 뒤에는 광복군 선서가 있었다. 이범석이 3000만 동포를 대표하는 광복군복 차림의 대원 30명을 이끌고 지청천 앞에서 선서를 거행하였으며, 유동열이 감독하였다. 대원들은 오른팔을 높이 들어 장엄한 선서 의식을 행하였다. 선서가 끝나자 김학규가 「삼가 중화민국 장사將士에게 보내는 글」을 선독하고, 지청천이 각 지대에 깃발을 수여하였다. 이 순간 참석했던 국민당 및 공산당 대표들이 김구와 지청천의 손을 붙잡고 두 번을 위아래로 흔들며, "축하합니다! 광복대업을 반드시 이룰 것입니다!"하고 감동적인 축하 인사를 건넸다.

축하 인사를 받고 난 김구는 몸을 돌려 단상에 올라 "광복군 전사 여러분! 여러분은 대한의 우수한 아들들입니다! 여러분은 민족의 선봉입니다! 이제 여러분은 적후에 투입되어 중국 우군과 함께 왜구를 물리치는 투쟁에 참여하게 될 것입니다. 여러분의 출발에 앞서 꼭 이 말을 해 주고 싶습니다. '백두산의 돌은 칼을 갈아 없애고, 두만강의 물은 말을 먹여 없애리라. 사내가 이십에 나라를 평안하게 하지 못하면, 후세에 누가 대장부라고 부르겠는가!' 영용한 투쟁을 전개하여 왜구를 쫓아내고 조국을 광복시키기 바랍니다!" 하고 감동적인 연설을 하였다.

한국광복군 성립전례식 단체기념사진

김구의 연설이 끝나자 한 치의 흐트러짐도 없이 정연하게 도열한 200여 명의 광복군 전사들은 한목소리로 "왜구를 물리치자! 조국 광복을 이루자!"라는 구호를 외쳤다. 이어 광복군 대원들은 차에 올라타 깃발을 흔들며 '광복군 군가'를 소리 높여 부르며 가두 행진에 나섰다.

> 삼천만 대중의 외침이,
>
> 젊은이의 가슴을 뜨겁게 하고.
>
> 오천년 호연정기,
>
> 광복군의 깃발이 높이 나부끼네.
>
> 칼을 휘둘러 적을 치고,
>
> 대지에 피를 뿌려, 풍성한 전과를 거두자.
>
> 광복군의 의지는 강철처럼 굳고,
>
> 광복군의 사명은 무거워라!
>
> 굳세게 단결하여 적진을 뚫고,
>
> 모두 한마음 되어 용감히 전진하자.
>
> 독립 독립, 조국 광복!

우렁찬 노랫소리와 자동차의 경적음이 청명한 가을 빛 아래 울려 퍼지는 가운데 대원들은 북방으로, 적후를 향해, 승리를 향해 나아갔다.

'임정'공작이 새로운 단계에 오르다

1940년 봄 어느 날, 자링 강변에서 운동을 마치고 돌아온 김구는 간단히 몸을 씻고 식당에서 식사 중이었다. 이때 돌연 "주석님! 아직 식사 중이신가요!" 하는 소리가 들려왔다.

김구가 머리를 들어 보니 김의한이 국민당 군복을 입은 좋은 체격에 반듯한 외모의 청년 군관 한 명을 데리고 식당 입구에 서 있었다. 급히 남은 국수 몇 젓가락을 삼킨 김구는 입술을 닦으며, "의한, 무슨 일인가?"라고 물었다.

김의한은 웃으며 "손님 한 명을 모셔 왔습니다! 이름은 민필호, 호는 석린으로, 현재 중국군사위원회 기술연구실에서 일하고 있습니다"라며 찾아온 연유를 설명하였다. 김구는 "어서 오십시오! 환영합니다!"라며 민필호와 악수를 나눈 뒤 "사무실로 갑시다!" 하고 손을 이끌었다.

김구의 집무실은 소박하고 정결하였다. 책상 위에는 지필묵과 처리해야 할 문건들이 가지런히 놓여 있었다. 서예를 좋아하여 틈나는 대로 휘호하는 것이 김구의 낙이었다. 집무실 가운데에는 손님 접대를 위한 낡은 소파 하나와 몇 개의 나무 의자가 놓여 있었다. 벽 중앙에는 태극기가 걸려 있고, 그 좌우에는 한국 지도와 중국 지도가 한 장씩 붙어 있었다. 지도 위에 꽂힌 붉은 깃발은 한국 국내의 반일 운동과 중국 경내 광복군의 활동상황을 나타내는 것이었다.

자리에 앉은 민필호는 먼저 "주석님! 저는 경기도에서 출생하여

1911년 중국 상하이에 왔습니다. 상하이에서는 신규식 선생이 세운 박달학원에서 중국어와 영어를 공부하였습니다. 이어 상하이 난양학당과 교통부 상하이통신학교를 졸업하고 중국교통부 전보국에서 일했습니다. 1919년 말에는 대한민국임시정부 국무총리 대리 겸 외무총장·법무총장이던 신규식 선생의 비서로 홍콩을 거쳐 광저우에 가 손중산 선생을 만나고 대한민국임시정부 승인문제 등을 논의하였습니다"라며 자기소개와 그간의 경력 등을 김구에게 보고하였다.

미간에 주름을 지어 가며 옛 기억을 떠올리던 김구는, "생각이 나는구먼! 당시 나는 경무국장을 맡고 있었고, 자네는 아직 청년에 불과했었지. 후일 자네는 신규식 선생의 딸 명호明浩와 혼인하였지, 맞나? 오래전부터 알던 사이 아닌가!" 하고 손뼉을 치며 기억을 되짚었다.

민필호도 웃으면서 "오랫동안 뵙지 못했는데, 주석님은 여전히 건강하시고, 기억력도 좋으시군요!" 하며 자신을 알아봐 준 김구에게 감사함을 표시하였다.

"무슨 소리! 벌써 21년이나 지난 옛일인걸!" 김구는 껄껄 웃으며 "이후에는 어디서 지냈나?"라며 민필호의 지난 행적을 궁금해하였다.

이 물음에 민필호은 "난징에 머물 당시 박찬익 선생의 소개로 국민정부군사위원회 산하 밀전密電연구소에 들어가 일하게 되었습니다. 주로 전보 수발과 일구의 암호를 해독하고 정보를 수집하는 일을 맡았습니다. … 충칭으로 옮겨 온 뒤 기구가 확충되어 지금은 직원이 수백 명에 달하고, 또한 기구 명칭도 중국군사위원회 기술연구실로 바뀌었습니다. 저는 전문위원 겸 제2조 조장을 맡고 있습니다. 저와 중국인 동료 세 사람이 일본의 외교 군사 암호를 해독하여 중국 해·육·공군 광화훈장을 받았습니다"라며 그간 해 온 일들을 자세히 보고하였다.

민필호의 말을 들은 김구는 흥분한 듯 박수를 치며, "뭐라? 자네가 일본의 '밀전'을 해독하는 일에 참여했다고? 대단하구먼!" 하고 칭찬하더니, 그 과정이 궁금했던지 "좀 더 자세히 말해 보게나"라며 큰 관심을 보였다.

민필호는 일본군의 암호해독 과정과 결과를 처음부터 끝까지 자세하게 들려주었다.

이야기를 듣고 난 김구는 민필호에게 한국의 항일 운동 상황을 설명하고 난 뒤, "중국군사위원회 기술연구실을 그만두고 임시정부에 와서 일하는 것이 어떻겠나?"라며 조심스럽게 뜻을 물었다.

민필호는 기다렸다는 듯이 "주석님, 저도 같은 생각입니다. 지난 몇 년간 암호해독에 몰두하다 보니 정신적으로 매우 피곤한 상태입니다. 이 기회에 청춘의 끓는 피를 조국의 광복과 독립을 위해 바치고 싶습니다!"라며 한 치의 망설임도 없이 대답하였다.

"고맙네, 고마워!" 김구는 민필호의 명쾌한 답에 고마움을 표시한 뒤, "임시정부에 합류한 뒤 장제스 위원장이 제공한 무전 설비는 자네가 맡아 운영하게. 자네는 전문가이고, 선생일 테니 학생 몇 명도 데리고 오는 것이 좋지 않을까 싶네!" 하며 이 기회에 무선전신을 적극 활용할 의향을 내비쳤다.

"좋습니다!"라는 답과 함께 민필호는 "엄해도嚴海道라는 동포가 제 밑에서 일을 배우고 있습니다. 성실하고 기술도 좋은 우수한 청년이니

제가 데리고 오도록 하겠습니다"라며 김구의 의견에 적극 동조하였다.

김구의 의견에 따라 민필호는 중국군사위원회 기술연구실을 사직하고 대한민국임시정부에 합류하여 김구 집무실의 비서를 맡기로 하였다. 다음 날, 민필호는 김구를 모시고 병중에 있는 교민들을 위로하기 위해 투차오 신한촌으로 향하였다.

투차오에 도착한 일행은 신한촌 곳곳을 돌며 한인들의 사정을 살폈다. 배가 고파 울며 보채는 갓난아이에게 젖을 먹이려고 아무리 쥐어짜도 젖 한 방울 나오지 않아 애태우는 산모, 마른 장작처럼 앙상한 뼈만 남은 노인네가 똥지게를 지고 채소밭에 거름을 주는 광경을 본 김구는 뜨거운 눈물을 흘리지 않을 수 없었다.

노인의 손을 꼭 잡은 김구는 감정이 복받쳐 "어르신, 이 못난 백범을 꾸짖어 주십시오! 항일 투쟁을 위해 임시정부를 따라 머나먼 이곳까지 왔는데, 끼니마저 제대로 잇지 못하는 처지에 이르게 하였으니 부끄러울 따름입니다"며라 연신 고개를 조아렸다. 이어 김구는 주머니를 털어 남아 있던 돈을 산모에게 쥐어 주며 "아이에게 분유라도 사 먹이라" 부탁하고 다른 곳으로 향하였다.

김구의 관심과 사랑은 신한촌 주민들을 감동시키기에 충분하였다. 그들은 다투어 "주석님! 우리는 아직 두 손이 멀쩡합니다. 우리 손으로 곡식을 키우고 채소를 길러 배를 채울 수 있습니다. 굶어 죽을 일은 없을 것이니, 걱정 마십시오" 하며 오히려 김구를 위로하였다. "주석님! 생활이 아무리 곤궁하고 어려워도, 일본놈들의 지배를 받는 것보다는 낫습니다. 힘내세요" 하는 응원의 소리가 사방에서 터져 나왔다.

한인들의 굳은 의지에 감동한 김구는 눈물을 떨구며 옆에 있던 두 노인의 손을 오래도록 굳게 잡고서, "어르신! 반드시 여러분들의 어려움을 해결하도록 하겠습니다"라며 재삼 한인들의 먹고사는 문제를 풀겠노라 약속하였다.

김구와 함께 투차오에서 돌아온 민필호는 임시정부가 직면한 수많은 문제들 가운데 가장 시급하게 해결해야 할 것으로 네 가지를 꼽았다. 첫째는 경제문제였다. 당시 임시정부는 국민당으로부터 매달 6만 원을 지원받고 있었다. 당시 충칭에 거주하는 한인이 300명이니, 1인당 매달 200원의 생활비로는 입에 풀칠하기도 어려운 형편이었다. 먹고살기도 힘든 판국에 어떻게 계획한 일들을 추진할 수 있겠는가? 지난 3~4년 사이에 40여 명의 한국인이 충칭에서 사망한 사실을 떠올리며 민필호는 애통함을 감출 수 없었다. 사망자 가운데 십중팔구는 노인과 유아였고, 대부분은 폐병 등으로 인해 사망하였다.

두 번째는 교통수단을 확보하는 문제였다. 김구 주석과 임시정부 요인들이 외출하거나 연회에 참가할 때, 마땅한 교통수단이 없어 불편함이 매우 심하였다. 세 번째는 경호 기구와 인원을 확충하는 것이었다. 네 번째, 물가는 비등하는데 식량 확보가 안정적이지 못한 부분이었다.

민필호는 중국군사위원회 기술연구실에 근무하면서 쌓은 인맥을 동원하여 이 네 가지 문제를 해결할 수 있을 것이라 기대하였다. 민필호는 작정하고 날을 잡아 카이쉬안凱旋로에 있는 군정부軍政部로 천청陳誠 부장을 찾아갔다. 천청은 민필호가 기술연구실에 근무했음을 잘 알고 있었다. 일본의 암호를 푸는 과정에 민필호가 큰 역할을 한 사실은 중국군사위원회 내부에서는 널리 알려진 일이었다.

천청의 환대를 받으며 자리에 앉은 민필호는 임시정부 지원 문제를 꺼내며, "부장님! 중국정부의 도움을 받아 대한민국임시정부가 중국에서 활동한 지 20여 년이 지났습니다. 그간 임시정부는 한국 인민을 영도하여 항일 복국의 투쟁 과정에서 적지 않은 업적을 쌓았습니다. 지금 광복군은 날로 장대해지고 있습니다. 전방과 적후에서 중국군대와 협조하여 항일 작전을 벌여 훌륭한 성적을 거두고 있습니다. 임시정부는 우리 한국을 대표하는 얼굴입니다. 그러나 제가 임시정부에 들어가 근무해 보니 해결해야 할 문제들이 너무나 많은 것을 알게 되었습니다. 경위대의 조직이 제대로 갖추어지지 않아 인원도 부족한 데다, 경호용 무기는 아예 없는 상태입니다. 이는 안전상의 큰 문제가 아닐 수 없습니다. 김구 주석은 이미 60세가 넘은 고령인 데다 한 나라의 영수입니다. 그런데도 마땅한 교통수단이 없어 외출하거나 연회에 참석할 때 시위侍衛와 함께 도보로 이동하거나, 가끔 인력거를 이용하고 있습니다. 한 나라 영수의 위신에 걸맞지 않을 뿐만 아니라, 중국정부의 얼굴에도 먹칠을 하게 하는 것입니다"라고 느낀 바를 솔직하게 털어놓았다.

민필호의 말을 듣고 난 천청은 동의하는 듯 고개를 끄덕이며 "확실히 문제가 없지 않군. 뭘 도와주면 좋겠나?"라며 요구 사항을 말해 보라고 청하였다.

자신감을 얻은 민필호는, "부장님, 바라는 바는 별거 아닙니다. 김구 주석이 사용할 차량 한 대, 그리고 경위처 조직을 위한 총기 12자루와 군복 10여 벌이면 됩니다"라고 필요한 것들을 구체적으로 언급하였다.

"겨우 그 정도야 어렵지 않지!" 천청은 당장에서 흔쾌히 답하였다. 천청은 군정부 공문 용지에 급히 "군수서에 하달함: 대한민국임시정부에 소형 차량 1대, 권총 12자루, 군복 10여 벌을 제공하여 주기 바람"이라고 적고, "전화로도 통보할 것이니, 즉시 군수서에 가서 수령하게" 하며 공문을 민필호에게 건네주었다.

"감사합니다, 부장님!" 거수경례로 인사를 대신한 민필호는 군정부를 나서 물자들을 수령하기 위해 진탕金湯가에 위치한 군수서로 향하였다.

천청의 전화와 공문을 받은 군수서에서는 '친필지시'에 따라 지프차 1대, 독일제 최신형 권총 12자루와 군복 18벌을 내주었다. 이들 물자들은 군수서에서 파견한 인원들에 의해 허핑로 우스예항 1호로 운반되었다.

임시정부청사로 돌아온 민필호는 김구에게 군정부에 다녀온 결과를 보고하였다. 보고를 받은 김구는 "자네가 임시정부를 위해 큰일을 해냈구먼! 모두를 대표하여 감사의 마음을 전하네" 하며 기쁨을 감추지 못하였다.

물자를 수령한 민필호는 투차오 한인촌으로 가 신체 건강한 청년 12명을 선발하여 주석경위대를 조직하였다. 더불어 민필호는 투차오 청년회관에서 19명의 학생을 선발, 시안에 주재하고 있던 광복군 제2지대에 보내 군사훈련을 받도록 하였다. 이외에도 민필호는 국민당에서 제공한 무선전신기를 활용하기 위해 암호를 제작하였다. 안미생이 조장을 맡은 무선전신조에는 투차오 신한촌에서 뽑힌 두 명의 여학생이 배치되어 기술을 배웠다.

민필호는 또한 독립당과 전방에서 활동하고 있는 광복군을 위해 전후 세 차례 국민정부로부터 공작 경비와 생활비 지원을 이끌어 내어 식량 문제를 해결하였다. 이에 그치지 않고 주자화와 교섭, 800만 원을 지원받아 자오창커우較場口에 건물을 매입, 독립당 사무실로 사용하였다. 민필호는 독립당 기관지 『독립신문』 발행에도 적극 참여하였다. 공무로 바쁜 와중에도 민필호는 신규식이 대한민국임시정부 승인을 요청하기 위해 광둥 호법정부를 이끌던 쑨원을 만난 과정을 정리한 『한중외교사화韓中外交史話』를 집필하였다. 이 책은 김구 주석의 검토를 거쳐 출판되어 중국 조야의 인사들에게 배포되었다. 민필호가 이 책을 집필한 까닭은 대한민국임시정부 승인의 당위성을 널리 알리기 위한 목적에서였다.

민필호의 밤낮 없는 노력으로 업무가 정상 궤도에 오르면서 임시정부에 생기가 돌기 시작하였다.

애국청년들의 임시정부 참여와 롄화츠 청사로 이전

임시정부의 영향력이 날로 증대되는 가운데, 각 전구戰區에 배속된 광복군은 전단을 살포하고 대적 선전을 진행하며 중국 우군의 대일 작전을 도왔다. 광복군의 선전 공작이 주효하여 일본군으로 끌려간 한국 청년들이 부단히 적진을 탈출하였다. 심지어 분대원 전체가 한꺼번에 광복군에 귀순하는 경우도 있었다. 광복군 각 지대는 귀순한 한적韓籍 애국청년들을 충칭으로 보내 사상 교육을 받도록 하였다. 한편 임시정부는 각 당파의 인원들을 포용하여 연합정부를 구성하였다. 인원이 많아지고, 처리할 업무도 많아지는 데다, 중국 각지에 흩어져 있던 적지 않은 한인들이 임시정부를 찾아오면서 몇 칸 되지 않는 우스예항 1호는 항상 사람들로 붐볐다. 새로운 활동 공간을 확보할 필요성이 절실하였다.

김구는 국무회의 석상에서 임시정부청사를 보다 넓은 곳으로 이전할 필요성을 설명하였고, 이 제안에 국무위원들은 적극 동의하였다. 김구는 즉시 국민당 총재 장제스에게 지원을 요청하였다. 장제스의 비준을 얻은 국민당 비서장 우톄청은 "충칭시정부에서 공공건물을 제공하는 방안, 임시정부에서 적당한 건물을 물색하면 국민당에서 대신 매입해 주는 방안" 두 가지를 제시하며 임시정부의 결정에 따르겠다고 회답하였다. 민필호가 충칭에 비교적 오래 거주한 데다 친구도 많음을 알고 있는 김구는 그에게 적당한 건물을 알아보도록 지시하였다.

그로부터 10여 일 후, 민필호는 김구에게 "몇몇 중국 친구들에게 건물을 알아봐 달라 부탁하였으나, 모두들 쉽지 않다고 합니다. 시내에는 이미 사람들로 넘쳐 나 공공건물이든, 개인 소유든 빈 곳이 하나도 없답니다. 시내에서 조금 떨어진 사핑바沙坪壩, 난안南岸, 장베이江北는 창장長江이나 자링嘉陵강을 건너야 하는지라 교통이 불편합니다"라며 그간의 상황을 보고하였다.

민필호의 보고를 들으며 생각에 잠겨 있던 김구는, "개인이 운영하는 여관 같은 곳은 어떻겠나. 예를 들어 장기 임대를 한다든지……." 하며 자신의 생각을 털어놓았다.

민필호는 손뼉을 치며 "주석님, 주석님의 생각도 저와 같으시군요! 마침 중국 친구가 치싱강七星崗 렌화츠에 있는 동업조합에서 운영하는 여관을 소개하였습니다. 방이 수십 개에 달하는 데다, 위치도 적당하고, 무엇보다 교통이 편리하답니다. 요 며칠 일이 바빠 아직 현장을 찾아가 보지는 못했습니다"라고 적당한 건물이 있음을 보고하였다.

"그렇다면 시간을 내어 한번 살펴보도록 하게!" 김구의 당부가 이어졌다.

"알겠습니다!"라는 대답 후 우스예항을 나선 민필호는 그 길로 몇 개의 소로를 건너 치싱강으로 향하였다. 통위안먼通遠門에서 200미터 정도를 지나 좌회전하니 아래로 내려가는 돌계단이 나타났다. 계단을 내려와 300미터를 더 가니 렌화츠 38호에 당도하였다.

문 앞에 선 민필호의 눈에는 검은색 담으로 둘러쳐진 계단식 마당만 보일 뿐이었다. 문안으로 들어서니 좌우로 건물이 들어서 있었다. 두 개의 마당을 가진 4층짜리 건물은 테라스로 인해 3층처럼 보였다. 민필호는 칸칸을 돌며 자세히 살펴보았다.

이때 장삼長衫 차림에 과피모瓜皮帽를 쓰고 손에 백동으로 만든 물담뱃대를 든 한 사람이 민필호에게 다가와, "하룻밤 묵을 방을 찾고 계신가요?" 하며 점잖게 물었다.

자신이 여관 일을 맡아하는 왕王 지배인임을 밝히자, 민필호는 건물을 임대하고자는 뜻을 전하였다. 이에 왕 지배인은 "선생님! 이 여관은 동업조합에서 운영하는 곳입니다. 주인인 판보룽範伯溶 선생은 샤장인(下江人, 장쑤·저장·안후이·장시 출신자에 대한 통칭)이지만 장기간 천궁·당삼·누중·천마·동충하초 등 쓰촨 서부川西에서 나는 한약재를 충칭에 내다 팔아 돈을 벌어 땅을 사고 이 건물을 지었습니다. 이 여관은 쓰촨 서부에서 온 객상들의 숙식 편의를 위한 곳입니다"라며 여관의 내력에 대해 자세히 설명하였다.

여관 임대 문제는 왕 지배인이 혼자 결정할 성질이 아님을 간파한 민필호는, 주인을 직접 만나 담판을 지을 요량으로 "판 사장께 전갈을 넣어 주기 바랍니다. 며칠 후 다시 찾아오겠습니다"라는 부탁과 함께 작별 인사를 나누었다.

사흘 뒤, 민필호는 엄항섭과 함께 다시 렌화츠 38호를 찾았다. 민필호의 모습을 본 왕 지배인은 잰걸음으로 달려와, "선생님! 사장님께서 오래 기다리고 계십니다"라고 인사를 전한 뒤, 민필호와 엄항섭을 사무실로 안내하였다. 회색 중절모에 회색 장포 차림의 주인 판보룽은 민필호와 엄항섭이 들어오는 것을 보자 벌떡 일어나 "두 분 자리하시지요" 하며 환영하였다.

자리에 앉기 전 민필호는 "민필호라고 합니다. 이 친구는 엄항섭이고, 자는 일파입니다"라며 자신과 엄항섭을 소개하였다.

자리에 앉은 판보룽이 웃음을 지으며 "듣자 하니 제 여관을 임대하고자 하신다던데?" 하고 묻자 민필호는, "그렇습니다. 항전 개시 후 대한민국임시정부는 충칭에 자리를 잡고 한국 인민을 영도하여 항일 복국 투쟁을 전개하고 있습니다. 항일 복국 투쟁이 날로 발전하면서 충칭으로 이주해 온 한인들도 갈수록 늘어났습니다. 임시정부의 공작 범위가 갈수록 넓어지는 데다, 처리해야 할 일들도 갈수록 복잡해지고 있습니다. 사람도 많고, 일도 많은데, 현재 사용하고 있는 우스예항 청사의 공간이 협소하여 불편함이 적지 않습니다. 이에 사장님 소유의 이 여관을 세내어 임시정부청사로 쓰고자 합니다. 선생의 뜻은 어떠신지요?" 하고 급히 건물이 필요한 사정을 소상히 전하였다.

얼핏 보기에는 유순해 보였지만 판보룽은 전형적인 외유내강형의 인물이었다. 대한민국임시정부의 청사로 쓰기 위해 여관을 빌리고자 한다는 말을 듣자마자, "선생님! 이곳은 한약재 매매 상인들을 위해 운영하는 곳입니다. 외국인들과 엮이고 싶지 않습니다"라며 일언지하에 민필호의 청을 거절하였다.

이에 굴하지 않고 민필호는 웃음 띤 얼굴로, "판 선생님, 한·중 두 나라는 자고로부터 좋은 관계를 유지해 온 이웃입니다. 한국이 일본에 병탄당하자 수많은 애국지사들이 중국으로 망명하여 항일 복국 투쟁을 전개하였습니다. 저와 일파도 중국에 온 지 이미 20여 년이 되었습니다. 선생이 보시다시피 우리 둘은 이미 '중국화'되었습니다. 선생께서 건물을 우리에게 세내어 주신다면, 그 순간부터 선생께서는 한국인들과 깊은 인연과 우의를 맺게 되는 것입니다. 이로부터 선생의 이름은 영원토록 한국 독립운동사에 기록될 것입니다. 한국이 독립된 뒤 만약 선생께서 한국을 방문하신다면, 우리는 열렬히 환영할 것입니다. 이는 동시에 선생의 한약재 무역에도 큰 도움이 될 것입니다"라고 대한민국임시정부에 건물을 세내어 주는 것은 현재와 장래를 위해서도 도움이 될 것이라고 판보룽을 설득하였다.

"그렇다 하더라도, 이 건물을 세내어 주면 우리 동료들은 어디서 지냅니까" 하고 판보룽은 여전히 주저함을 드러내었다.

이에 민필호는 자신만만한 어투로 "저는 '중국통'일 뿐만 아니라 '충청통'이기도 합니다. 판 선생님! 제가 알기로 충청의 한약재 집산 시장은 샤반청下牛城 난지먼南紀門 일대에 있습니다. 그곳에는 소규모 여관들이 적지 않으니, 선생의 동료들은 이후 그곳에 머물면 시장도 가까워 훨씬 편하지 않겠습니까" 하고 결정적인 한마디를 던졌다.

그때서야 판보룽은 자신의 머리를 치며, "맞아요! 내가 왜 바보처럼 그 생각을 못 했을까" 하며 자책하는 듯한 표정을 지었다.

두 사람의 의견이 일치되자 이어 집세 문제가 화두에 올랐다. 판보룽은 "민 선생, 저 판보룽은 돈만 밝히는 사람이 아닙니다. 여러분께서 항일 구국을 위해 힘쓰시는데, 집세는 최대한 싸게 해 드리겠습니다. 방이 모두 81개이니, 1년치 집세 200만 원에 보증금 200만 원을 합해 400만 원이 어떻겠습니까. 그래 봐야 매달 16만 원 정도입니다. 방 한 칸에 매달 2100원, 하루로 치면 겨우 70원에 불과합니다. 지금 방 한 칸에 매일 100~150원을 받는 것에 비하면 정말 싸게 친 것입니다"라고 자신이 생각하는 바를 털어놓았다.

얼핏 계산해 봐도 현재 쓰고 있는 우스예항의 집세보다 훨씬 저렴한 것에 만족스러워 민필호는, "판 선생, 선생의 제안에 따르겠습니다. 지금이 10월 초이니, 이사 준비에 두 달 정도 걸리는 것으로 보고 12

월부터 건물을 쓰도록 하겠습니다. 계약금은 얼마면 되겠습니까"라며 단숨에 계약을 성사시키고자 하였다.

판보룽은 "계약금은 형식적으로 5만 원 정도면 될 것 같습니다"라고 답하였다.

민필호는 "좋습니다. 이 길로 돌아가서 계약서를 작성하겠습니다. 쌍방이 날인하면 계약이 정식으로 성사되는 것으로 하겠습니다"라고 동의를 표하였다.

대답은 시원스러웠지만, 민필호의 마음은 여전히 무거울 수밖에 없었다. 건물을 구하기는 했지만 400만 원이라는 적지 않은 돈을 어디서 마련한단 말인가? 아무리 생각해 보아도 임시정부는 그만한 경제 능력이 없었다. 그렇다고 돈을 구하는 것이 어렵다고 사정할 수도 없는 노릇이었다. 민필호는 짐짓 걱정을 감추며 엄항섭과 함께 판보룽에게 작별 인사를 하고 렌화츠 38호를 나섰다.

우스예항 임시정부청사로 돌아온 민필호는 김구에게 상황을 낱낱이 보고하였다. 김구의 입장에서도 새 청사를 마련하는 것은 바라는 바였지만, 당장 400만 원이라는 천문학적인 숫자의 비용을 어떻게 준비해야 할지 눈앞이 캄캄하기만 하였다.

400만 원! 집세와 보증금! 민필호는 거대한 산이 머리를 짓누르는 듯한 답답함을 느꼈다. 그렇다고 매일 산더미처럼 산적한 업무들을 처리하느라 숨 돌릴 겨를도 없는 김구에게 또 다른 고민거리를 안겨 주고 싶지 않았다. 민필호는 스스로 뭔가 돌파구를 찾기 위해 골몰하였다. 민필호는 중국군사위원회에 근무하면서 알고 지낸 인사들을 일일이 찾아다니며 간청하였다. 그러나 한결같은 대답은 액수가 너무 커 방법이 없다는 것이었다. 후일 민필호는 중한문화협회 비서장 쓰투더司徒德 선생을 통해 당시 중한문화협회 이사장이자 중국국민당 비서장으로 한국사무를 주판主判하고 있던 우톄청에게 문제 해결을 청하였다. 우톄청 역시 '액수가 너무 큰 것'에 부담을 갖지 않을 수 없었다. 이에 우톄청은 김구가 요청 사항을 적은 공함公函을 써 제출하면 장제스에게 전달하고 해결 방법을 모색해 보겠다는 방안을 제시하였다. 그러면 자신이 중간에서 뭔가 역할을 할 수 있을 것이라는 생각이었다.

날짜는 하루하루 지나가고, 집세를 내기로 한 날은 계속 연기되었다. 마지막 약속 날이 다가오지만, 여전히 국민당 방면에서는 감감무소식이었다. 애가 탄 민필호는 직접 국민당 중앙당부로 찾아가 우톄청의 비서 장서우셴張壽賢에게 도움을 청하였다.

민필호의 답답한 심정을 전해 들은 장서우셴은, "건물 임대와 관련한 공문을 상부에 올린 지 오래되었으나 아직까지도 결재가 나지 않아 나 역시 매우 답답하다"고 민석린을 위로하더니, 갑자기 뭔가 생각난 듯 "시종실에 찾아가 부탁해 보자"고 제안하였다.

그 길로 민필호와 장서우셴은 군사위원회위원장 시종실을 찾아갔다. 전후 사정을 설명한 두 사람은, 중앙당부에서 올린 대한민국임시정부청사 이전 비용 관련 공문이 속히 장 위원장의 결재를 받을 수 있도록 도움을 청하였다. 이에 시종실 책임자는 "매일 각처에서 올라온 공문이 산더미처럼 쌓입니다. 그러나 위원장께서는 종일 다른 공무로 바빠 문서 결재에 신경 쓸 여유는 기껏해야 하루에 두세 시간밖에 안

됩니다. 신속하게 결재를 받을 유일한 방법은 단 한 가지, 비서에게 부탁해 대한민국임시정부 관련 공문을 다른 공문의 위에 놓아 두는 것입니다"라고 방법을 친절히 설명해 주었다.

시종실에서 귀중한 정보를 얻은 민필호는 곧바로 장제스의 비서를 찾아가 간곡하게 도움을 청하였다. 이 방법이 주효하였던지 과연 사흘도 지나기 전에 장제스의 결재가 떨어졌다. 이렇게 하여 민필호는 마지막 약정 기일이 당도하기 전에 1년치 집세와 보증금을 합한 400만 원을 지불할 수 있었다.

새로 이사할 곳의 간단한 내장 공사가 끝나자 대한민국임시정부는 1945년 초 허핑루 우스예항 1호에서 롄화츠로 사무실을 이전하였다. 청사 대문 위에는 한글·영어·중국어로 '대한민국임시정부'라고 쓴 편액이 걸렸다. 옥상에는 태극기가 게양되었다. 이전과 동시에 임시정부는 중국정부에 공문을 보내 청사 호위를 위한 경찰 파견을 요청하였다. 이에 중국정부에서는 2명의 경관을 파견하여 정문을 수위토록 하고, 경관 4명에게는 청사 주위를 밤낮으로 순찰하도록 하였다. 비로소 대한민국임시정부도 정부기관의 업무 장소 같은 모양새를 갖추게 되었다. 임시정부를 찾아 귀순한 애국청년들의 접대와 안치도 한결 수월해졌다.

마오쩌둥과 만나다

1945년 항전 승리 후, 옌안延安에 있던 중국공산당 중앙주석 마오쩌둥은 평화·민주·사유의 신국가 건설을 위해 뜻을 모아 보자는 장제스의 거듭된 요청을 받았다. 세 차례 전보를 받고 난 뒤에야 마오쩌둥은 8월 28일 중국공산당 대표 저우언라이·왕뤄페이王若飛와 함께 주중미국대사 헐리Patrick J. Hurley, 국민정부 군사위원회 정치부 장쯔중張自忠 부장의 안내를 받아 전용기 편으로 충칭 주룽포九龍坡비행장에 도착하였다. 마오쩌둥은 비행장에서 곧바로 충칭 시내로 들어가 장제스와 독립·자유·평화·민주의 신국가 건설 방안을 논의하는 평화적 담판을 벌였다.

충칭에 머무는 동안 마오쩌둥은 상칭쓰上清寺에 있는 장쯔중의 공관 구이위안桂園을 숙소로 삼았다. 장제스와의 담판은 장시간 계속되었다. 중간중간 여유가 생기면 마오쩌둥은 국내의 저명한 민주 인사들은 물론이고, 충칭에 머물고 있는 국제 우인들과도 잦은 접촉을 가지며 통일전선 공작을 진행하였다.

9월 3일 오후, 구이위안공관에서 마오쩌둥은 대한민국임시정부 요인들을 접견하였다. 이 자리에는 중국공산당 요원 저우언라이와 둥비우도 배석하였다. 구이위안 응접실에서 마오쩌둥은 김구의 손을 꼭 잡고 "백범 선생, 징강산井岡山에서 활동할 때부터 선생의 명성은 익히 들어 알고 있습니다. 일본놈들이 선생을 매우 무서워하고, 몹시 증오한다고 들었습니다"라며 친절하게 맞이하였다.

만면에 웃음을 띤 김구는 "룬즈潤之 선생, 선생의 명성 또한 익히 알고 있습니다. 선생이 징강산에서 활동할 때 주朱·마오毛의 위세가 사방을 진동시키지 않았습니까"라며 역시 반가움을 표시하였다.

마오쩌둥은 "백범 선생, 지난 반세기 이래 중·한 두 민족은 모두 열강의 침략을 받아 고초를 겪었습니다. 특히 근자에 이르러서는 우리의 공동의 적인 일제로부터 받은 압박이 극심하였습니다. 중국의 항일투쟁은 처음 시작 단계에서부터 일구의 침략과 압박에 신음하는 모든 민족들과 연합하여 투쟁한다는 기본 방침을 정하였습니다. 조선 인민이 항일 전쟁 과정에서 보여 준 영웅적이고 장렬한 투쟁 정신은 높이 평가할 만합니다. 중국 항전의 승리는 곧 조선 민족의 해방을 의미하는 것이 아닐 수 없습니다"라며 김구가 영도하는 항일 투쟁을 높이 평가하였다.

이에 화답하여 김구는 "룬즈 선생의 말씀이 옳습니다. 그간 대한민국임시정부가 한국 인민을 영도하여 전개한 반일 복국 투쟁에 중국정부와 귀당이 지지하고 큰 도움을 준 사실에 깊이 감사하고 있습니다. 이제 항전 대업은 승리로 마감되었지만, 우리는 여전히 복국과 건국이라는 어려운 작업을 펼쳐 나가야 합니다. 앞으로도 중국 인민의 지지가 필요합니다"라며 항전승리를 축하하는 동시에 한국의 앞날을 위해 성원하고 지지해줄 것을 부탁하였다.

마오쩌둥은 마지막으로 김구에게 "자유·민주·독립을 위해 단결하여 분투하는 민족은 결코 쉽게 무너지지 않을 것입니다. 반드시 승리를 쟁취하게 될 것입니다"라고 축하의 덕담을 건넸다.

두 거인의 회담은 화기애애하고 우호적인 분위기 속에 계속되었다. 두 사람은 국제 문제로부터 시작하여 한·중 두 나라의 국내 형세, 과거 항일 투쟁의 경험부터 이후 건국의 방략까지, 한·중 두 민족의 고난에 찬 역사부터 민속의 독립 부흥까지 광범위한 분야에 걸쳐 공통된 견해를 가지고 있음을 확인하였다.

두 사람의 회담 사실은 당시 언론 매체에는 그다지 널리 소개되지 않았다. 그럼에도 중국공산당 주석과 대한민국임시정부 주석 두 거인의 악수와 장시간 대담은 심대한 영향을 미쳤다. 한·중 두 나라 인민의 마음속에 우의의 씨앗을 뿌린 의미 있는 회담이었다.

충칭과 작별하며

항전 승리 후 한반도는 미소 두 나라에 의해 장악되었다. 북위 38도선을 경계로 북쪽은 소련군이 일본군의 투항 업무를 진행하였다. 남쪽에서는 미군이 같은 업무를 수행하였다. 9월 19일, 주한 미군은 미국정부의 지시에 따라 미군정부를 성립하였다. 아울러 미군정은 임시정부와 광복군은 개인 자격으로만 귀국할 수 있다고 선포하였다. 이는 분명히 27년간 복국 투쟁을 전개해 온 임시정부와 그 직속 군대인 한국광복군의 존재를 부인하는 결정이었다.

예기치 못한 상황에도 흔들림 없이 김구는 귀국을 위한 준비 작업을 적극 전개하였다. 김구는 일면 장제스에게 '비망록'을 제출하여 '임정'의 주요 인원들이 귀국 시 사용할 비행기를 제공해 줄 것을 요청하였다. 다른 한편으로는 전시 일본군 점령 지역에 거주하던 한국인 및 한인 병사, 그리고 충칭에 거주하던 한국 교민 가운데 불법 분자를 제외하고 나머지 모든 사람들의 귀국길에 편의 제공을 요청하였다. 한인의 귀국에 소요되는 각종 경비는 중국 측에서 우선 3억 원을 차관 형식으로 제공해 줄 것을 청하였다. 장제스는 김구의 요청에 대해 즉시 중국정부가 대한민국임시정부의 귀국 경비로 1억 원을 제공하도록 비준하고, 그 가운데 5000만 원을 우선적으로 긴급 제공하도록 하였다.

10월 25일, 중국국민당 중앙당부는 상칭쓰화원에서 한국 광복을 축하하는 경축연을 베풀었다. 임시정부 국무위원과 독립당 간부들을 초청하여 임시정부 요인의 귀국 환송연을 연 것이다. 연회가 끝나고 롄화츠로 돌아온 김구에게 민필호가 "국민당 중앙당부 비서장 판공실에서 보내온 통지에 따르면, 귀국에 필요한 비행기가 이미 준비되었다 합니다. 11월 5일 충칭을 출발해 상하이를 거쳐 귀국하게 될 것입니다"라고 귀국을 위한 교통편과 일정이 정해졌음을 보고하였다.

김구가 손가락을 짚어 계산해 보니 충칭을 떠나기까지 채 열흘밖에 남아 있지 않았다. 길지 않은 시간 내에 해결해야 할 문제들이 여전히 많았던지라 김구는 차근차근 해야 할 일들을 꼽아 보았다. 충칭 각계는 10월 하순부터 각종 형식의 환송회를 열어 김구 일행의 귀국을 축하하였다. 그때마다 참석해야 하는 관계로 열흘 내내 김구는 바삐 움직여야 했다. 그런 와중에도 김구는 귀국 전 반드시 해야 할 네 가지 일을 꼽고 실행에 옮기고자 하였다.

첫째는 치장에 안장되어 있는 임시정부 원로 이동녕과 조소앙의 부모 조정규 부부의 묘소를 찾아 작별 인사를 고하는 것이었다. 두 번째는 난안 허상산 묘원에 묻혀 있는 모친과 아들 김인에게 고별인사를 하는 것이었다. 세 번째는 치장에 거주하는 중국인 친구 리바이잉 현장과 천보쉰 · 라오판저우 등에게 고마움을 표시하는 것이었다. 마지막으로는 투차오 한인촌의 한국 교민들과 그 가족들을 살펴보는 것이었다. 그러나 도저히 시간을 내지 못한 상황에서 충칭을 떠나야 할 날은 다가오고 있었다. 마음은 있으나 실행에 옮기지 못한 일들로 인해 답답했던 김구는 민필호에게 고충을 털어놓았다.

다음 날 이른 아침, 민필호의 안배로 김구와 조소앙은 지프차에 올라 치장을 향해 내달렸다.

치장에 도착한 일행은 향 · 초 · 지전紙錢 · 과일 · 화환 등을 준비하여 배를 타고 치장허를 건넜다. 스포강을 오른 일행은 이동녕의 묘소 앞에 나란히 섰다. 준비해 온 제수 용품을 가지런히 놓고 초와 향에 불을 붙인 일행은 지전을 태우고 이동녕의 묘소에 깊이 허리 숙여 세 번 절하였다.

김구는 눈물을 글썽이며, "동녕 선생님! 포악한 일제가 마침내 투항했습니다. 조국이 광복되었습니다! 해방되었습니다! 이제 얼마 뒤 조국으로 돌아갈 것입니다! 귀국 후 일 처리를 마치는 대로 사람을 보내 선생님을 모셔 가겠습니다! 편히 쉬십시오" 하며 작별 인사를 고하였다.

일생을 한국 독립운동에 바친 분투와 노력에도 불구하고 끝내 조국광복을 지켜보지 못하고 이국땅에 잠든 이동녕의 일생을 생각하며, 김구는 하염없이 눈물을 흘렸다.

이동녕의 묘소 참배를 마친 일행은 튀완 건너편 라오자펀饒家墳 라오잉옌老鷹岩에 있는 조정규의 묘원을 찾았다. 재배를 마친 조소앙은 묘소 앞에 무릎 꿇고 대성통곡하였다.

김구와 조소앙이 치장에 들러 먼저 가신 이들을 위해 재배를 올린다는 소식이 금세 퍼져 나갔다. 소식을 들은 천보쉰·라오판저우 등 주민들이 두 사람을 찾아 속속 몰려들었다.

췬보쉰은 김구의 손을 굳게 잡고 "친구! 치장에 들렀는데 인사도 않을 작정이었소"라며 서운한 표정을 지었다.

김구는 "성묘가 끝나면 곧바로 찾아볼 생각이었습니다" 하며 웃으며 답하였다.

치장에 체류할 당시 조소앙은 줄곧 싼타이쟝 라오판저우의 집에 거처를 정하였었다. 라오판저우는 조소앙의 손을 잡고 "친구! 걱정하지 말게! 이제 일본이 투항하고 우리가 승리하였지 않은가. 웃어 마땅하지" 하며 반가움을 표시하였다.

조소앙은 눈가에 흐르는 눈물을 훔치며, "그래! 우리가 승리했지!" 하며 고개를 끄덕였다.

김구가 리바이잉 현장의 근황을 묻자 천보쉰이 "공무로 바빠 두 분을 마중하지 못하게 되었습니다! 대신 여러분을 잉산주뎬瀛山酒店으로 청하여 이별주를 대접하겠다고 하였습니다"라고 답하였다.

김구와 천보쉰 등 일행이 잉산주뎬에 도착하니 리바이잉은 이미 와 있었다. 한 손으로는 김구, 다른 한 손으로는 조소앙의 손을 잡아 식탁으로 이끈 리바이잉은, "친구들! 항전 기간 정말 고생이 많았습니다. 덕분에 결국 우리가 이겼네요!" 하며 항전 승리와 한국 광복을 축하하였다.

"그래요, 우리가 이겼습니다!" 자리에 모인 모든 사람들이 동시에 항전 승리를 축하하였다.

리바이잉이 "옛날 웨페이岳飛는 금나라를 무너트린 뒤 술 세 잔을 통쾌히 마시겠노라 약속하였으나 끝내 성공하지 못했지만, 오늘 우리는 성공을 거두었습니다! 항일 전쟁의 승리를 축하하는 의미에서 건배를 제의합니다"라며 술잔을 높이 들었다. 순간 리바이잉은 김구가 술을 마시지 못한다는 사실을 생각해 내고, "백범 선생, 죄송합니다! 선생께서는 술을 못하신다는 것을 깜박했습니다"라며 잠시 주저하였다.

김구는 "오늘 이 잔은 마시지 않을 수 없지요!" 하며 잔을 들었다.

"좋습니다!" 리바이잉은 다시 잔을 높이 들고 "항일 전쟁의 승리를 축하하며, 건배"를 외쳤다.

술잔이 오가는 흥겨운 분위기 속에 승리를 축하하는 사람들의 목소리는 점점 커져 갔다.

충칭으로 돌아가는 도중, 김구와 조소앙은 여전히 그곳에 거주하고 있던 한인들의 상황을 살피기 위해 투차오 신한촌에 들렀다. 한인들을 찾아 일일이 안부를 물은 두 사람은, "임시정부 인원들이 귀국한 뒤로도 충칭에 일부 인원이 잔류하여 여러분의 귀국을 도울 것입니다"라며 사람들을 안심시켰다. 숨 가쁘게 움직인 하루 일정을 마치고 두 사

저우언라이 공관

충칭임시정부청사 외부

람이 충칭에 도착하였을 때는 이미 깊은 밤중이었다.

　중국에 잔류하고 있는 한인들의 처리를 위해 김구는 다시 바삐 움직였다. 중국정부의 동의를 얻어 대한민국임시정부 주화대표단 성립이 결정되었다. 이 기구는 박찬익을 단장, 지청천과 민필호를 대표로 출범하였다. 세 사람 모두 중국군부 및 국민당과 오랫동안 긴밀한 관계를 유지하였기에, 대한민국임시정부가 귀국한 뒤의 문제들을 잘 처리하고 해결할 수 있을 것이라는 기대를 갖기에 충분하였다. 이렇게 하여 김구는 귀국 전 필히 마무리 짓고자 했던 큰일들을 모두 처리하였다. 이제 마지막 남은 일은 난안 허상산 묘원에 묻혀 있는 모친과 아들에게 작별을 고하는 것이었다.

　11월 4일 오후 4시, 상칭쓰에 있는 국민당 중앙당부 대강당에서 장제스와 그의 부인 쑹메이링이 주최한 다과회가 거행되었다. 이는 한국임시정부 주석 김구 등의 귀국 환송을 위한 모임이었다. 연회석상에서 김구는 장제스에게 "아들 김신이 지금 중국 공군군관학교에 재학 중입니다. 졸업 후 조국을 위해 봉사할 수 있도록 귀국을 허가해 주시기 바랍니다"라고 청하였고, 장제스는 김구의 청을 즉시 수락하였다. 연회가 시작되자 모두들 잔을 들어 한·중 두 나라가 영원히 친목한 이웃 나라로 좋은 관계를 유지하자고 축원하였다. 열렬한 박수 속에 장제스와 쑹메이링이 한국의 독립운동가들과 일일이 악수를 나누는 것으로 연회는 마감되었다.

　그날 저녁 무렵, 김구는 인력거 두 대를 불러 며느리 안미생과 함께 창장 건너 난안 허상산을 찾았다. 김구는 모친과 아들 김인의 묘 앞에

꽃을 바치고 한참을 생각에 잠겼다. 시할머니와 남편의 무덤 앞에 꿇어앉은 안미생은, 지전을 태우고서는 묵묵히 눈물을 흘렸다.

절을 올린 뒤 김구는 "어머니! 일본이 투항했습니다. 어머니의 오랜 바람이 마침내 실현되었습니다! 내일이면 집으로 돌아갑니다! 잠시만 더 이곳에서 쉬고 계십시오. 귀국 후 반드시 모시러 오겠습니다"라며 고국으로 돌아가기 전 마지막 작별 인사를 나누었다.

밤바람은 찬데 강물은 도도히 흘러 마치 하늘에 있는 두 사람의 영혼을 위로하는 듯하였다. 참배를 마친 김구는 묘지기에게 충분히 사례하며 앞으로도 잘 관리해 줄 것을 부탁하였다. 시아버지 김구를 부축하여 비탈을 내려오던 안미생은 발걸음을 옮길 때마다 뒤를 돌아보며 아쉬운 마음을 안고 묘소를 떠났다.

11월 5일 이른 아침, 간단히 짐을 챙긴 김구는 비서이자 경호원인 윤경빈과 선우진을 앞세우고 1진 29명과 함께 주룽포비행장으로 향하였다.

비행장에는 이미 사람으로 가득하여 발 디딜 틈이 없을 정도였다. 임시정부 요인들을 배웅하기 위해 모인 중국국민당 당·정요인, 중국공산당과 각 단체 대표, 각 신문사 기자들로 비행장은 인산인해를 이루었다. 국민당정부는 외교부 정보사 사장이자 대한민국임시정부 고문인 샤오위린邵毓麟을 특파하여 김구 등의 귀국에 동행하도록 하였다.

며칠 동안 계속되던 비가 멈추고, 이날 충칭의 날씨는 청명하였다. 하늘도 대한민국임시정부 요인들의 귀국을 축하하는 듯하였다.

대한민국임시정부 요인들이 탄 자동차가 비행장에 도착하자 신문

기자들이 일시에 그들을 에워쌌다. 임시로 마련된 단상에 오른 김구는,「대한민국임시정부 주석 김구가 중화민국 조야 인사들에게 드리는 고별서」를 선독하였다. 이 글에서 김구는 "본인은 귀국 후 연합국 헌장의 정신을 좇아 독립민주국가의 건설을 위한 시업에 매진할 것입니다. 귀국과 영원히 긴밀한 합작정신을 지켜 나가 동아의 평화를 보장하기 위해 노력할 것입니다. … 한중 양국 민족이 정성과 친목으로 억만년토록 좋은 관계를 유지해 나갈 수 있기를 희망합니다"라는 특별한 바람을 천명하였다. 선독이 끝나자 김구는「고별서」를 자리에 모인 각 신문기자에게 배포한 뒤 배웅 나온 당·정·군 요인들과 일일이 악수를 나누었다.

환송을 위해 비행장 주변에 몰려든 충칭 시민들은 창공을 향해 힘차게 날아오르는 비행기를 바라보며 묵묵히 기도를 올렸다. "잘 가십시오! 여러분들의 힘찬 새 출발에 힘입어 독립된 한국은 동아의 중심으로 우뚝 설 것입니다! 잘 가십시오! 한국과 중·미·소·영이 합작하여 동방에 영원한 평화의 기틀을 닦고, 시대의 사명을 다하기 바랍니다!"

푸른 하늘 위로 고도를 높여 가는 비행기 창가에 앉은 김구는 충칭을 내려다보며 온갖 생각에 잠겼다. 매일매일 전투를 치르는 것 같았던 7년간의 충칭 생활, 온갖 고초를 견뎌 가며 치장에 안착하여 정당 통일을 위해 노력하던 세월, 한국광복군을 조직하고 중국의 원조를 이끌어 내기 위해 밤낮으로 애쓰며 민족 독립을 촉진하던 과거의 일들, 항일 전쟁에 적극 참가하며 일체의 애국 역량을 단결시키고자 얼마나 애썼던가! 대한민국임시정부에 대한 외교적 승인을 얻고 자유 독립을 확보하기 위한 노력들, 국내정진군을 결성하고 해방 후 중국에 거주하는 교민들의 귀국 문제를 원만히 처리하기 위해 중국정부와 접촉했던 일들 … 중국 인민과 중국정부가 항일 전쟁을 치르느라 극도로 어려운 상황에서도 생명과 열혈로 한국 독립운동을 지지하고 도움을 준 사실들, 곤경에 처한 한인들을 구제하며 중국 인민들이 보여 준 환난여공患難與共의 깊은 정. 그간의 온갖 기억들이 주마등처럼 스쳐 가자 김구는 감개무량함을 감출 수 없었다. 복받치는 감정을 억누르며 김구는 마음속으로 외쳤다. "다시 보자 충칭! 충칭아 잘 있거라! 잘 있거라! 고맙고 사랑스러운 중국 인민들이여!"

푸더민傅德岷 선생의 글은 중국어 원문을 한글로 옮겼습니다. 필자가 고령(82세)이라서 이 책의 장르인 답사기에 맞춰 새로 쓰진 못하고, 푸더민 교수의 저서 『백절불굴의 김구』(2010년 한국어판 출간)에서 관련 부분을 직접 발췌·재구성해 실었습니다. 등장인물과 사건은 사실에 바탕을 두었으되, 기록문학인 만큼 일부 표현이나 묘사에 상상력이 가미되어 있음을 알려 드립니다.

연보

일러두기

— 『백범일지』 원본의 날짜 착오를 수정해 연보를 작성했다.
— 원칙적으로 연월일을 밝히되 애매한 부분은 계절로 표시했다.
— 『백범일지』 원본엔 양력·음력 구별이 없지만, 1903년 기독교 입문 이후는 대체로 양력 날짜를 쓴 것을
   감안해 이 연보에서는 양력을 원칙으로 하되 필요한 경우 음력을 병기했다.
— 활동 주체가 김구인 경우 주어를 생략했다.

1876년(1세)

8월 29일(음력 7월 11일) 황해도 해주 백운방 텃골에서 안동 김씨 김자점의 방계 후손인 아버지 김순영과 어머니 곽낙원의 외아들로 태어남. 아명은 창암昌巖. 같은 날, 할머니 돌아가심.

* 1876년 2월 조일수호조규 조인.

1878~1879년(3~4세)

천연두를 앓았는데 어머니가 보통 부스럼 다스리듯 죽침으로 고름을 짜 얼굴에 마마 자국이 생김.

1880~1882년(5~7세)

5세 때 강령 삼가리로 이사.

아버지의 숟가락을 부러뜨려 엿을 사 먹는 등 개구쟁이로 소문남.

7세 때 텃골 고향으로 되돌아옴.

* 1881년 1월 일본에 신사유람단 파견. 1882년 6월 임오군란 발발.

1883~1886년(8~11세)

아버지가 도존위에 천거되었다 3년이 못 되어 면직.

1884년 4월 백부 김백영 별세.

* 1884년 10월 갑신정변.

1887년(12세)

양반이 아니라 갓을 쓰지 못하는 집안 어른의 사연을 듣고 양반이 되기 위해 공부를 결심. 아버지가 청수리 이 생원을 선생으로 모셔 글방을 차려 줌.

1888~1889년(13~14세)

1888년 4월 할아버지 김만묵 별세. 아버지 뇌졸중으로 전신불수가 되나 반신불수로 호전됨. 부모님은 문전걸식하며 고명한 의원을 찾아 유랑함.

소년 창암은 큰어머니와 장연 6촌 누이 등의 보살핌을 받음.

* 1889년 9월 방곡령 선포.

1890~1891년(15~16세)

1890년 4월 부모님과 다시 고향으로 돌아와 서당에 다니지만 선생의 수준에 실망. 아버지의 권유로 「토지문권」 등 실용문을 배우며 『통감』, 『사략』 등을 읽음. 친척 정문재 서당에서 면비 학생으로 『대학』과 한시 등을 공부.

* 1890년 1월 함경도 방곡령 철회. 1991년 제주도에서 민란.

1892년(17세)

임진년 경과에 응시하나 낙방. 매관매직의 타락상에 절망해 과거를 포기함.

석 달 동안 두문불출하며 『마의상서』로 관상을 공부. 관상 좋은 사람보다 마음 좋은 사람이 되기로 결심. 그 밖에 『손무자』, 『오기자』, 『육도』, 『삼략』 등 병서를 탐독.

집안 아이들을 모아 1년간 훈장 노릇을 함.

* 12월 동학교도 전라도 삼례역에 집결, 탄압 중지 등을 요구.

1893년(18세)

정초에 오응선을 찾아가 동학 입도. '창수昌洙'로 개명. 입도 몇 달 만에 연비 수천 명을 확보하여 '아기 접주'로 불림.

1894년(19세)

연비 명단 보고차 충북 보은으로 가서 해월 최시형에게 접주 첩지를 받음.

9월 황해도 15명의 접주 회의에서 거사를 결정.

11월 '팔봉 접주'로 선봉에 섰지만 해주성 공격에 실패, 구월산 패엽사로 후퇴해 군사 훈련. 안태훈, 김창수에게 밀사를 보내 상부상조하기로 밀약.

12월 홍역을 앓는 와중에 같은 동학군 이동엽의 공격으로 대패, 몽금포로 피신해 3개월간 잠적.

* 1월 전봉준 고부민란 발생. 6월 청일전쟁(양력 1894년 8월-1895년 4월) 발발. 12월 순창에서 잡힌 전봉준 서울로 압송.

1895년(20세)

2월 부모와 함께 청계동 안태훈 진사에게 의탁.

유학자 고능선을 만나 가르침을 받게 됨.

5월 김형진을 만나 의기투합하여 함께 만주까지 감.

11월 김이언 의병장의 강계 고산진 전투에 참가하나 패배함.

귀향 후 고능선의 맏손녀와 약혼하지만 김치경의 방해로 파혼.

* 3월 전봉준 처형. 8월 을미사변, 명성황후 시해(양력 10월 8일). 11월 15일 단발령 공포. 11월 17일 연호를 건양建陽으로 개정, 양력 사용.

1896년(21세)

2월 다시 중국 여행길에 올랐지만 단발령 정지와 삼남 의병 소식을 듣고 안주에서 돌아옴.

3월 9일 치하포에서 명성황후의 원수를 갚기 위해 일본인 쓰치다 조스케를 처단.

6월 해주옥에 갇힘.

8월 인천감옥으로 이송. 옥중에서 장티푸스에 걸려 괴로움으로 자살을 기도하나 살아남.

8~9월 세 차례의 심문을 받음.

10월 22일 법부에서 김창수의 교수형을 건의하지만 고종은 최종 판결을 보류하여 미결수로 수감 생활. 감옥에서 『세계역사』, 『세계지지』, 『태서신사』 등을 통해 서양 신학문과 근대 문물을 접함.

* 1월 전국 각지에서 을미의병 봉기. 2월 11일 고종 아관파천. 4월 제1회 근대 올림픽 개최(하계, 그리스 아테네) 4월 7일 독립신문 창간. 7월 서재필 등 독립협회 조직.

1897년(22세)

김주경이 김창수 구명 운동을 벌이지만 가산을 탕진하고 행방이 묘연해짐.

* 8월 연호를 광무光武로 고침. 10월 12일 대한제국 선포. 11월 명성황후 국장 거행.

1898년(23세)

3월(양력) 인천감옥 탈옥. 부모가 대신 투옥됨. 삼남 지방을 떠돌다 늦가을에 마곡사에서 법명 '원종圓宗'을 받고 승려가 됨.

* 1898년 6월-9월 청, 변법자강운동.

1899년(24세)

봄에 금강산으로 공부하러 간다며 마곡사를 떠남.

4월 부모 상봉.

5월 평양 대보산 영천암 방장으로 장발의 걸시승 생활.

가을 무렵 환속 후 해주 고향으로 돌아옴. 숙부가 농사를 권유.

* 1899년 11월-1901년 9월 중국 의화단, 반외세운동.

1900년(25세)

2월 '김두래'라는 가명으로 강화 김주경을 찾아가나 만나지 못함.

동생 진경 집에서 3개월간 김주경의 아들과 동네 아이들을 가르침.

김주경의 친구 유완무와 그의 동지들을 만나 유완무의 권유로 이름을 '구龜'로 바꾸고 자는 '연상蓮上', 호는 '연하蓮下'로 지음.

11월 부모님을 연산으로 모시려고 귀향.

스승 고능선을 찾아가 구국 방안에 대해 논쟁.

1901년(26세)

1월 28일(음력 1900년 12월 9일) 아버지 별세.

1902년(27세)

음력 1월 맞선을 본 여옥과 약혼.

우종서의 권유로 아버지 탈상 후 기독교를 믿기로 결심함.

* 1월 영일 동맹.

1903년(28세)

음력 1월 약혼녀 여옥 병사.

음력 2월 탈상. 탈상 후 기독교 입문.

1904년(29세)

2월 장련 사직동으로 이사.

장련읍 진사 오인형의 사랑에 학교 설립. 장련공립소학교 교원이 됨.

여름에 평양 예수교 주최 사범강습소에서 만난 최광옥의 권유로 안창호의 동생 안신호와 약혼하나 곧 파혼.

장련군 종상위원으로 임명됨.

* 2월 러일전쟁(~1905년 9월) 발발. 2월 23일 한일의정서 늑결.

1905년(30세)

11월 진남포 엡윗스 청년회 총무 자격으로 서울 상동교회에서 열린 전국대회 참가. 전덕기, 이동녕, 이준, 최재학 등과 함께 을사늑약 파기 청원 상소를 올리고 공개 연설 등 구국 운동.

12월 고향으로 돌아와 신교육 사업에 힘씀.

* 7월 태프트·가쓰라 밀약. 9월 미국, 러일전쟁 종결 위한 포츠머스 강화조약. 11월 17일 을사늑약 체결, 통감부 설치. 11월 20일 장지연, 황성신문에 '시일야방성대곡' 발표. 11월 30일 민영환 자결. 12월 손병희, 동학을 천도교로 개칭.

1906년(31세)

장련에 광진학교를 세움.

장련에서 신천군 문화로 이사.

서명의숙 교사로 농촌 아이들 가르침.

11월 최광옥과 함께 안악면학회 조직.

첫딸 태어남.

12월 신천 사평동 교회 양성칙의 소개로 최준례를 만나 결혼.

최준례 서울 경신여학교에 입학.

* 12월 최익현 단식 자살.

1907년(32세)

4월 신민회 가입.

* 4월 신민회 조직. 이준·이상설, 고종의 밀서를 지니고 헤이그 만국평화회의 참석차 출국. 7월 대한제국 군대 해산 조칙 발표. 8월 고종 물러나고 순종 즉위.

1908년(33세)

서명의숙 교사가 됨. 큰딸 태어남.

안악으로 이사한 후 큰딸 죽음.

9월 양산학교 소학부 담당. 중학부 개설함.

가을 황해도 교육자들과 해서교육총회를 조직하고 학무총감을 맡음.

* 9월 안창호 대성학교 설립. 12월 동양척식주식회사 설립.

1909년(34세)

황해도 각 군을 순회하며 환등회·강연회를 열어 계몽 운동.

10월 26일 안중근의 이토 히로부미 저격 사건으로 체포되었다가 한 달여 만에 불기소 처분.

12월 양산학교 소학부와 재령 보강학교 교장 겸임.

나석주·이재명 등과 만남.

* 12월 일진회장 이용구, 한일합방을 정부에 건의. 12월 22일 이재명, 이완용 습격.

1910년(35세)

둘째 딸 화경 태어남.

서울 양기탁 집에서 열린 신민회 비밀회의 참석해 이동녕 등과 서울에 도독부 설치, 만주 이민 및 무관학교 창설 등을 결의.

12월 안명근, 양산학교로 김구를 찾아옴.

* 3월 26일 안중근, 뤼순 감옥에서 사형. 4월 이시영, 이동녕, 양기탁 등 서간도에 독립운동 기지 마련. 경학사와 신흥강습소 설치. 8월 29일 한일합방조약 공포(경술국치), 조선총독부 설치. 12월 안명근, 군자금을 모으다 체포됨.

1911년(36세)

1월 일본 헌병에게 체포되어 김홍량 등과 함께 서울로 압송. 총감부 임시 유치장에서 혹독한 고문을 당하고 종로 구치감으로 이감.

7월 징역 15년 선고받음. 서대문 감옥으로 이감되어 복역 중 의병과 활빈당 등을 만남.

* 1월 경무총감부, 안명근 검거를 계기로 황해도 일대 민족주의자 총검거(안악사건). 7월-9월 안악사건 과
  정에서 신민회사건 조작, 1심에서 105명 유죄 판결받음. 10월 중국 신해혁명 시작됨.

1912년(37세)

9월 메이지 일왕 사망으로 15년 형에서 7년으로 감형.

* 1월 쑨원, 중화민국 선포.

1913년(38세)

* 5월 13일 안창호, 미국 샌프란시스코에서 흥사단興士團 창립.

1914년(39세)

쇼켄 왕비가 죽어 7년 형에서 다시 5년으로 감형. 이름을 '구龜'에서 '구九'로 바꾸고,
호를 '연하蓮下'에서 '백범白凡'으로 바꿈.

인천감옥으로 이감, 17년 전 감방 동료였던 문종칠을 만남. 인천 축항 공사장에서 강
제 노역의 괴로움으로 투신자살을 결심하나 마음을 바꿈.

* 7월 제1차 세계대전(-1918년 11월) 발발. 8월 일본, 독일에 선전포고.

1915년(40세)

둘째 딸 화경 사망.

8월 가석방.

아내가 교원으로 있는 안신학교로 감.

1916년(41세)

문화 궁궁농장 추수 검사看檢.

셋째 딸 은경 태어남.

1917년(42세)

1월 숙부 김준영 별세.

2월 동산평 농장의 농감이 되어 소작인들을 계몽하고 학교를 세움.

셋째 딸 은경 사망.

* 8월 상하이에서 조선사회당 결성. 11월 레닌, 러시아혁명.

1918년(43세)

11월 맏아들 인 태어남.

* 1월 러시아 이르쿠츠크 공산당 한인 지부 결성. 1월 8일 미국 윌슨 대통령, 민족자결주의 14개 원칙 선

언. 6월 이동휘 등 하바롭스크에서 한인사회당 결성. 11월 11일 독일·연합군 간의 휴전 협정 조인으로 제1차 세계대전 종결.

1919년(44세)

3·1만세운동이 전국으로 확산, 안악에서도 만세운동이 일어남.

어머니 곽낙원 여사 회갑 잔치를 사양.

3월 29일 안악을 떠나 평양·신의주·안동을 거쳐 상하이로 망명.

9월 상하이 임시정부의 경무국장이 됨. 국무총리 이동휘의 공산주의 운동 회유 거부.

* 1월 고종 승하. 1월 파리강화회의(~1920년 1월). 2월 도쿄의 조선인 유학생들, 독립선언서 발표. 4월 10일 상하이에서 대한민국임시의정원 개원. 4월 11일 대한민국임시정부 수립. 5월 4일 중국 5·4운동. 9월 임시정부 제1차 개헌. 대통령제로 개정, 초대 내각 발표. 대통령 이승만, 국무총리 이동휘. 11월 9일 김원봉, 만주 지린성에서 의열단 조직.

1920년(45세)

8월 아내 최준례, 아들 인을 데리고 상하이로 옴.

* 1월 1일 국제연맹 창설.

1922년(47세)

어머니 곽낙원 여사가 상하이로 옴.

2월 임시의정원 보궐선거에서 의원으로 선출됨.

9월 임시정부 내무총장이 됨.

차남 신 출생.

10월 여운형, 이유필 등과 한국노병회 조직하고 초대 이사장이 됨.

1923년(48세)

6월 임시정부 내무총장 자격으로 국민대표회의 해산령을 내림.

12월 상하이 교민단 의경대 설치, 고문에 추대됨.

* 1월 상하이에서 국민대표회의 열림. 9월 관동대지진. 일본, 유언비어를 퍼뜨려 한국인 학살.

1924년(49세)

1월 1일 아내 최준례가 상하이 홍커우 폐병원에서 사망. 프랑스 조계 숭산로 공동묘지에 매장.

6월 내무총장으로 노동국 총판을 겸임.

* 1월 중국 제1차 국공합작 성립. 4월 이동녕 임정 국무총리 취임.

1925년(50세)

8월 29일 나석주가 옷을 저당 잡혀 생일상을 차려 줌.

11월 어머니, 차남 신을 데리고 고국으로 돌아감.

* 3월 임시정부, 이승만 면직. 박은식을 임시 대통령으로 선출. 임정, 대통령제를 국무령 중심의 내각책
  임제로 개편. 4월 임시의정원, 구미위원부 폐지령 공포. 국내에서 조선공산당 창립. 7월 박은식, 임정
  대통령 사임. 9월 이상룡, 임정 국무령 임명.

1926년(51세)

12월 국무령 홍진 등 임시정부 국무위원 총사직. 김구는 국무령으로 선출됨.

1927년(52세)

3월 김구 국무위원으로 선출됨.

8월 임시정부 내무장이 됨. 한국유일독립당 상하이 촉성회 집행위원이 됨.

9월 장남 인을 고국의 어머니에게 보냄.

* 10월 마오쩌둥, 중화소비에트공화국 수립.

1928년(53세)

3월 『백범일지』 상권 집필 시작.

임시정부 활동 침체기로 미주 등 해외 교포들에게 편지를 띄워 자금 지원을 요청.

1929년(54세)

5월 『백범일지』 상권 탈고.

8월 상하이교민단 단장으로 선출됨.

* 1월 미국 뉴욕 증시 붕괴로 세계 대공황(~1941년) 시작. 11월 3일 광주학생운동 봉기.

1930년(55세)

1월 25일 이동녕 안창호, 조완구, 조소앙 등과 한국독립당 창당.

11월 임시정부 재무장이 됨.

1931년(56세)

10월 한인애국단 창단. 하와이·멕시코·쿠바 등지의 교민에게 편지로 금전적 지원을 받아 이봉창 의거 등 의열 투쟁을 계획함.

1932년(57세)

1월 8일 이봉창, 도쿄에서 일왕 히로히토에게 수류탄을 던졌으나 실패.

4월 29일 윤봉길, 상하이 훙커우공원에서 일왕 생일 축하식장에 폭탄을 던져 시라카와 대장 등을 살상시킴. 김구 미국인 피치 박사 집으로 피신.

5월 상하이 각 신문과 통신에 상하이 폭탄 의거의 주모자가 김구 본인임을 발표하고 상하이를 탈출. 임시정부도 항저우로 옮김.

5월 21일 임시정부 국무회의에서 군무장에 임명.

7월 하이옌 자이칭별장으로 피신하여 약 6개월간 생활.

9월 이후 샤오정과 박찬익의 주선으로 장제스 관저 치루恥盧에서 장제스와 면담. 김구에 대한 자금 지원과 중앙육군군관학교 뤄양분교에 한인훈련반 설치에 합의.

* 10월 10일 이봉창, 교수형으로 순국. 11월 한국독립당·조선혁명당·한국혁명당·의열단·한국광복동지회 등 한국대일전선통일동맹 조직. 12월 19일 윤봉길, 총살형으로 순국.

1933년(58세)

10월 이후 전장으로 거처를 옮김.

* 1월 중일 양군, 산해관에서 충돌. 3월 일본, 국제연맹 탈퇴. 3월 미국, 뉴딜 정책(~1936년). 6월 미국, 금본위제 폐지. 7월 독일 히틀러 정권, 1당 독재 체제로.

1934년(59세)

2월 중국 중앙육군군관학교 뤄양분교에 92명을 입교시켜 지청천, 이범석의 지도로 훈련을 시작함.

봄 장쑤성 장닝현 장닝진 거주.

4월 9년 만에 자싱에서 어머니와 아들 인, 신 재회.

7월 중앙육군군관학교 뤄양분교 학생 중 25명이 난징으로 철수.

12월 난징에서 중앙군관학교 한인 학생 중심으로 한국특무대독립군 조직.

1935년(60세)

2월 난징 동관터우東關頭 32호 단층 건물 2동에 학생훈련소 설치, 특무대예비훈련소 또는 몽장훈련소蒙藏訓練所라고도 함.

4월 중앙육군군관학교 뤄양분교 한인훈련반 학생 졸업, 일본의 항의로 한인훈련반 운영 중지.

5월 임시정부 해소의 부당성을 지적한 경고문을 발표. 조소앙 등 임시정부 국무위원 5명 사직.

10월 임시의정원 의원 16인, 자싱의 난후(남호) 배 위에서 비상회의. 이동녕, 김구, 조완구 등을 국무위원으로 보선.

10월 학생훈련소 해산.

11월 이동녕, 이시영, 조완구, 엄항섭, 안공근 등과 함께 임시정부 옹호를 위한 한국국민당 조직. 임시정부 사무처를 항저우에서 전장으로 옮김.

* 1월 모택동, 중국공산당 지도권 장악. 4월 민족혁명당 결성과 임정 무용론 대두로 임정 내분 격화. 7월

한국독립당·조선혁명당·의열단·신한민족당·대한독립당을 민족혁명당으로 통합. 9월 조소앙 등 민족혁명당 탈당.

1936년(61세)

1월 한국특무대독립군 해산.

7월 난징에서 한국국민당청년단 결성.

8월 27일 환갑을 맞아 이순신의 「서해어룡동 맹산초목지誓海魚龍動 盟山草木知」를 휘호로 씀.

1937년(62세)

8월 한국국민당·한국독립당·조선혁명당·한인애국단 및 미주 5개 단체를 통합, 한국광복운동단체연합회(광복진선) 결성.

11월 18일 전장의 대한민국임시정부가 국무회의를 열고 사무처를 후난성 창사로 이전 결정.

11월 20일 전장의 임시정부 요원 기선을 타고 창사로 떠남.

11월 21~23일 중 어느 날 모친 곽낙원, 둘째 아들 김신, 안공근 가족과 함께 난징에서 영국 기선을 타고 한커우로 향함.

11월 23일 임정 대가족 100여 명이 목선 한 척에 짐을 싣고 난징을 떠남.

안공근을 상하이에 파견, 안중근 의사 유족을 모셔 오게 했으나 성사되지 못함.

* 6월 4일 김일성, 보천보 습격. 12월 조선민족혁명당·조선민족해방동맹·조선혁명자연맹·조선민족전선연맹 결성. 12월 13일 일본군, 난징 점령 및 대학살.

1938년(63세)

5월 3당 합당 문제 논의를 위해 모인 난무팅에서 이운환의 저격으로 중상, 한 달간 입원 치료.

7월 임시정부를 창사에서 광저우로 옮김.

10월 임시정부를 류저우로 옮김.

* 4월 일본, 국가총동원법 공포. 5월 일본, 국가총동원법의 조선 적용 공포. 8월 뮌헨 협정 체결, 히틀러 요구대로 체코 영토 일부 할양. 8월 일본, 소련과 정전 협정. 10월 10일 김원봉 등 조선의용대 창설. 일본군, 한커우·우창·광둥 등 함락.

1939년(64세)

3월 임시정부 쓰촨성 치장으로 옮김.

4월 26일 어머니 곽낙원 여사 인후염으로 충칭에서 별세.

김원봉과 공동 명의로 민족운동단체연합을 호소하는 '동지·동포 제군에게 고함' 발표.

7월 김원봉계의 조선민족전선연맹과 협의해 전국연합진선협회 결성.

8월 치장에서 7당 통일회의 개최.

11월 조성환을 단장으로 한 군사 특파단, 시안으로 파견.

* 3월 중국국민당, 국민정신총동원령 발표. 7월 일본, 국민징용령 공포. 8월 독일과 소련, 불가침조약 조인. 9월 1일 독일의 폴란드 침공으로 제2차 세계대전(1945년 9월 2일) 발발.

1940년(65세)

2월 임시정부 대가족, 투차오로 이주.

5월 9일 충칭에서 한국독립당·조선혁명당·한국국민당의 통합으로 한국독립당 결성, 중앙집행위원장에 선출됨.

9월 임시정부, 치장에서 충칭으로 옮김.

9월 17일 충칭 가릉빈관에서 광복군 성립 전례식.

10월 임시정부 헌법 개정, 주석으로 선출됨.

11월 시안에 한국광복군 총사령부 설치, 간부 30여 명 파견.

* 2월 창씨개명 강제. 3월 이동녕 별세.

1941년(66세)

6월 임시정부 주석 자격으로 루스벨트 미국 대통령에게 임시정부 승인을 요청하는 공함을 보냄.

10월 임시정부 승인 문제로 중국 외교총장과 회담. 『백범일지』 하권 집필 시작.

11월 임시정부, '대한민국건국강령' 제정 발표.

12월 10일 임시정부, 일본에 선전포고.

* 3월 일본, 국가보안법 공포. 4월 일본과 소련, 불가침조약 체결. 8월 루스벨트와 처칠, 대서양헌장 발표. 10월 일본, 도조東條 내각 출범. 12월 7일 일본군 진주만 공습, 태평양전쟁 개전.

1942년(67세)

3월 임시정부, '3·1절 선언'을 발표하며 중·미·영·소에 임시정부 승인 요구.

5월 조선의용대, 한국광복군 편입. 김원봉을 광복군 부사령관으로 임명.

7월 광복군, 중국 각지에서 연합군과 공동 작전 개시.

10월 김원봉 등 좌파, 임시의정원 참여.

* 1월 일본 수상, 대동아공영권 건설 지도방침 표명. 7월 김두봉 등, 연안에서 조선독립동맹 결성. 8월 동아일보·조선일보 폐간. 10월 한중문화협회 결성. 10월 1일 조선어학회 사건 발생.

1943년(68세)

3월 임시정부, 충칭에서 3·1운동 24주년 기념식.

7월 장제스 총통과 회담, 전후 한국독립 지원 요청.

8월 주석직 사임 발표.

9월 주석으로 복직.

* 9월 이탈리아, 연합군에 항복. 10월 일제, 조선에서 징병제 실시. 11월 미·영·중 3국 최고지도자, 카이로회담에서 한국의 독립 문제 논의(12월 1일 카이로선언 발표).

1944년(69세)

4월 임시정부 제5차 개헌. 권한이 강화된 주석으로 재선.

10월 장제스 면담, 임시정부 승인 요구.

* 8월 연합군, 파리 입성. 일제, 여자정신대령 공포. 9월 여운형, 건국동맹 결성.

1945년(70세)

1월 일본군에 끌려간 학병 50여 명이 탈출하여 임시정부로 찾아옴.

2월 임시정부, 일본·독일에 선전포고.

3월 장남 인, 폐병으로 28세에 세상을 떠남.

4월 광복군의 OSS 훈련 승인. 중국전구 사령관 웨드마이어 중장 방문.

7월 산시성 시안과 안후이성 푸양에 광복군 특별훈련단 설치. 한국독립당 중앙집행위원장으로 선출.

8월 시안에서 한인 학생들의 훈련을 참관하고, 미군 도노반 장군과 광복군 국내 진입 작전 합의.

8월 10일 산시성 주석 주사오저우로부터 일본 항복 소식을 들음.

8월 18일 충칭으로 귀환.

9월 '국내외 동포에게 고함'을 통해 임시정부의 당면 정책 14개 조항 발표.

11월 5일 충칭에서 상하이로 옴.

11월 23일 임시정부 제1진으로 개인 자격으로 미군 수송기편으로 김포공항을 통해 환국. 경교장서 미리 기다리고 있던 이승만과 환담.

11월 24일 오전 군정청으로 하지 사령관, 아널드 군정장관 방문.

11월 25일 돈암장으로 이승만을 방문하고 당면 문제에 관해 요담.

11월 26일 군정청으로 가서 하지 사령관 방문.

11월 27일 국민당, 한국민주당, 인민당, 인민공화국 대표 등 각 정당 수뇌와 요담.

11월 28일 우이동 손병희 묘소 참배. 망우리 안창호 묘소 참배. 정동교회 환영회 참석. 조선기독교 남부대회에 참석하여 '반석 위에 나라를 세우겠다'고 강연.

11월 29일 경교장을 방문한 '김구특무대' 대표들에 '김구특무대' 해산 요구.

12월 1일 '임시정부 환국 봉영회'에서 축하 인사.

12월 6일 오전 경교장서 임시정부 국무회의 개최. 군정청에서 이승만, 하지 사령관 등과 민족통일전선 결성에 대해 회담.

12월 7일 한민당 송진우 경교장을 방문하여 김구에게 인민공화국 해산을 역설.

12월 8일 명동성당 노기남 주교 집전 환영회 참석.

12월 12일 종로 봉익동 대각사 불교계 주최 임시정부 요인 환영회 참석.

12월 19일 서울운동장서 개최된 대한민국임시정부 환영 대회 참석.

12월 23일 서울운동장서 거행된 순국선열 추념 대회 참석.

12월 27일 오후 8시 '삼천만 동포에게 고함'이란 제목의 방송(엄항섭 선전부장 대독)에서 완전 자주독립한 통일된 조국을 건설하자고 역설.

12월 28일 오후 4시 경교장서 긴급 국무회의를 개최하고 '4국 원수에게 보내는 반탁 결의문' 채택. 신탁통치반대국민총동원위원회 설치, 성명서와 결의문 채택.

* 7월 미·영·중 3국 최고지도자 포츠담선언. 8월 15일 일본 무조건 항복, 제2차 세계대전 종결. 10월 귀국한 이승만을 중심으로 독립촉성중앙협의회 발족.

1946년(71세)

1월 1일 신년사 발표. 반탁운동 방법에 대해 방송(엄항섭 선전부장 대독).

1월 23일 서대문형무소 방문.

2월 12일 경교장을 방문한 인민당 당수 여운형, 비서 황진남, 군정고문 굿펠로우 3인과 1시간 정도 요담.

2월 14일 군정청서 개최된 남조선대한국민대표민주의원(이하 민주의원) 개원식에 참석, 부의장에 취임.

2월 24일 민주의원 총리로 선출.

3월 1일 보신각서 거행된 27회 독립선언 기념식 참석하여 축사.

3월 5일 민주의원이 창덕궁 인정전 동행각으로 이전함에 따라 창덕궁으로 출근.

3월 23일 상동교회에서 거행된 전덕기 목사 32주기 추도식 참가.

3월 26일 안중근 의사 추도식 참가.

4월 6일 민주의원 총리 명의로 남조선 단독정부 수립을 반대한다는 견해 발표.

4월 9일 돈암장으로 이승만을 방문하고 정당에 불참할 것을 결의.

4월 10일 대한독립촉성국민회 지방지부 결성 대회에 참석하여 격려사.

4월 11일 창덕궁 인정전서 27주년 대한민국임시정부 입헌 기념식 거행.

4월 21일 명동성당 방문.

4월 22일 이시영과 함께 공주 마곡사 방문.

4월 23일 미소공위 5호성명에 대한 대책 협의를 위해 민주의원 회의 참석. 한국독립당 중앙부서 결정, 중앙집행위원장에 추대.

4월 25일 도쿄로부터 서울에 도착한 윤봉길 의사 유품을 경교장에 안치.

4월 26일 예산에서 거행되는 윤봉길 의거 기념식 참석차 서울 출발.

4월 27일 윤봉길 의사 생가 방문. 의거 14주년 기념식 추모사.

4월 29일 서울운동장서 열린 윤봉길 의사 의거 기념 대회 참석하여 기념 식사.

5월 10일 와병으로 성모병원에 입원 중 이승만의 문병을 받음.

6월 15일 부산공설운동장서 거행된 삼의사(이봉창, 윤봉길, 백정기) 추모회 참석.

6월 16일 삼의사 유골과 함께 서울에 도착. 태고사에 유골 안치.

6월 29일 이승만이 총재로 있는 민족통일총본부 부총재 취임.

7월 4일 오로지 조국의 독립과 동포의 행복을 위하여 분투할 것이라는 내용의 '동포에게 고함' 성명 발표.

7월 7일 효창공원에서 거행된 삼의사 국민장 참석.

7월 20일 경기도 남양주에 있는 고종의 능인 홍릉 참배.

7월 31일~8월 2일 제주도 방문.

8월 15일 미군정청 광장서 열린 해방 1주년 기념 시민경축대회에서 축사.

8월 17일 강원도 춘천에 있는 의암 유인석 묘소 참배.

9월 14~30일 부산·진해·마산·진주·통영·여수·순천·보성·목포·함평·나주·광주·김제·이리·군산·강경 방문.

10월 11일 군정청으로 하지 사령관을 방문하고 좌우합작에 관해 요담.

10월 14일 좌우합작의 목적은 민족통일에 있으므로 개인 자격으로 지지한다는 내용의 담화 발표.

10월 18일 반도호텔로 하지 사령관을 방문하고 민생 문제와 테러 사건 등에 관해 요담.

11월 18일 좌우합작 지지 담화 발표.

11월 19일 인천감옥에 수감되어 있는 자신을 석방시키기 위해 전 재산을 바친 강화

김주경가※ 방문.

11월 20일 한국독립당 강화군 지부와 전등사 방문.

11월 30일 개성 선죽교 방문.

12월 3일 황해도 장단 고량포 경순왕릉 참배.

12월 8일 건국실천원양성소 기성회 준비위원회위원장 취임.

12월 22일 미국의 조선경제원조계획에 감사한다는 내용의 전문을 트루먼 대통령과 마셜 국무장관에게 발송.

12월 28일 경운동 천도교당에서 거행된 나석주 의사 20주기 추도식 참석.

12월 30일 돈암장에서 미소공위 미측 수석대표 브라운 소장 및 조완구 등과 함께 공위 재개문제 등에 관해 토의.

* 3월 제1차 미소공동위원회 개최. 5월 여운형, 김규식, 좌우합작운동 추진. 6월 이승만, 정읍에서 남한 단독정부 수립 발언. 12월 남조선과도입법의원 개원.

1947년(72세)

1월 24일 경교장서 결성된 반탁독립투쟁위원회에서 위원장으로 추대됨.

2월 4일 반탁운동 방안에 대해 담화.

2월 10일 독립진영의 재편성·좌우합작·신탁통치·삼팔선·국제관계 등 국내외 제반 문제에 대한 견해 발표.

2월 13일 탁치조항 삭제 등을 요구하는 메시지를 미국 신문기자단에 전달.

2월 28일 3·1독립선언 기념일을 맞아 삼천만 동포가 자주독립에 대한 신념을 갖고 이를 위해 분투할 것을 요청하는 소견 피력.

3월 1일 서울운동장서 거행된 기미독립선언기념 전국대회 참석.

3월 3일 국민의회 긴급대의원대회에서 대한임정 부주석으로 추대.

3월 20일 원효로 원효사에서 거행된 건국실천원양성소 개소식 참석.

4월 11일 창덕궁 인정전에서 열린 대한민국 임시입헌 기념식 참석.

5월 4일 건국실천원양성소 1기생 수료(명예소장 이승만, 소장 김구).

5월 12일 한국독립당 대회에 참석하여 발언.

5월 13일 한국독립당, 중앙집행위원회에서 위원장으로 다시 선출됨.

5월 18일 미소공위 미측 수석대표 브라운 소장의 요청에 의해 덕수궁서 공위 참가 문제에 대해 요담.

5월 19일 하지 사령관 초청으로 공위 참가 문제에 관해 요담.

5월 20일 민주의원 회의에 참석하여 공위 참가 문제 논의.

5월 23일 이승만과 연명으로 '탁치' 해석과 '민주'의 정의에 대해 공동 질의서 제출.

6월 5일 미소공위 참가 거부는 각 정당이 자의적으로 결행하라고 성명.

7월 2일 하지 사령관이 미소공위에 항의하는 수단으로 김구가 테러 행위를 모의하고 있다는 내용의 편지를 이승만에게 보낸 것에 대해 항의하는 서한 발송.

7월 10일 창덕궁 인정전서 개최된 한국민족대표자대회 참석.

7월 24일 1932년 4월 상하이에서 거행된 윤봉길 의사 폭탄투척사건으로 일경의 체포 위험에 처한 김구를 안전하게 피신시켜 준 피치 박사 내외와 경교장에서 요담.

8월 15일 서울운동장서 개최된 해방 2주년 기념식에 참석하여 만세 삼창 선창.

9월 11일 러치 미군정장관 서거를 애도하는 내용의 담화 발표.

9월 19일 한반도 문제를 유엔에 상정한다는 마셜 미 국무장관 발표에 대해 유엔에 상정할 경우 한인에게 의사 발표의 기회를 주는 것이 가장 적절한 민주적 해결 방법이라는 내용의 담화.

10월 5일 서울운동장서 개최된 마셜안 지지 국민대회 참석, 유엔총회에서 북한의 무장을 해제하도록 하고 자유로운 입장에서 남북을 통한 총선거를 실시하여 통일정부를 수립하자고 연설.

10월 15일 경교장을 방문한 미소공위 미측 수석대표 브라운 소장과 요담한 후 브라운 소장 관사로 옮겨 장시간 논의.

11월 24일 유엔 결정에 대한 소련의 거부로 인해 실시되는 남한만의 선거는 국토 양단의 비극을 초래할 것이라고 경고.

12월 3일 김구와 이승만의 지시에 의해 국민의회와 한국민족대표자대회 합작 결의.

12월 4일 국민의회와 한국민족대표자대회의 합작은 경하할 일이며 자신은 이승만 박사와 자주독립을 즉시 실현하자는 목적에 대해 완전한 합의를 보았다고 담화.

12월 8일 서울시청 앞, 장덕수 장례식 참석.

12월 14일 이화장으로 이승만을 방문하여 총선 참가 문제 등에 관해 장시간 논의.

12월 15일 『백범일지』(국사원) 초판 출간.

12월 18일 경교장을 방문한 유엔한국임시위원단(이하 유엔위원단)의 중국 대표 류위완 劉馭萬과 요담.

12월 22일 유엔위원단의 임무는 남북총선거를 실시하는 데 있으므로 어떠한 경우에도 단독정부는 반대할 것이라고 하는 내용의 성명 발표.

* 7월 여운형 피살. 9월 한국 문제, 유엔에 이관됨. 11월 유엔총회에서 유엔 감시하의 한반도 총선 가결. 12월 장덕수 피살, 암살의 배후로 의심받음. 중간파 연합전선인 민족자주연맹 결성.

1948년 (73세)

1월 18일 장형의 단국대학 설립 격려.

1월 25일 소련의 유엔위원단 입북 거부는 '최대의 불행'이라는 견해 발표.

1월 26일 덕수궁서 유엔위원단과 회담. 미소 양군이 철퇴한 후 남북요인회담을 하여 선거 준비를 한 뒤 통일정부를 수립해야 할 것이라는 담화 발표.

1월 28일 유엔위원단에 보내는 신속한 총선거에 의해 통일된 완전 자주적 정부만의 수립을 요구한다는 내용의 의견서를 발표.

2월 6일 경교장을 방문한 김규식 박사와 요담한 후 9시 30분 함께 유엔임시위원단 메논 의장을 방문하여 회담. 경교장으로 메논 의장을 초청하여 장시간 환담.

2월 9일 김규식 박사와 연명으로 메논 의장에게 남북지도자회담 개최를 위해 협조해 줄 것을 요청하는 서신 발송.

2월 10일 통일정부를 수립하기 위해 미소 양군을 철퇴시키며 남북지도자회담을 소집할 것 등을 주장하는 내용의 성명 '삼천만 동포에게 읍고함' 발표.

2월 13일 김규식 박사의 방문을 받고 남북요인회담 추진책에 관해 협의.

2월 19일 하지 사령관의 초대로 김구, 김규식, 이승만 회담.

2월 22일 낙동강 철교 준공식 참석차 경북 왜관 방문.

2월 29일 기미독립선언기념일 맞아 북한의 '인민공화국' 수립이나 남한의 '중앙정부' 수립은 모두 조국을 영원히 양분시켜 도탄에 빠진 동포를 사지死地에 넣는 것이라는 담화 발표.

3월 1일 경교장에서 열린 독립선언 기념행사에서 남한 선거에 불응할 것이라고 천명.

3월 3일 시내 모처에서 김규식 박사 및 홍명희와 함께 남한 선거 문제 토의.

3월 5일 경교장을 방문한 유엔위원단 중국 대표 류위완과 선거에 관해 요담.

3월 7일 독촉국민회가 선출한 유엔위원단과 협의할 민족대표단 33인에 참가 거부.

3월 8일 2월 25일 북한에 남북회담 제의했다고 기자회견서 발표.

미 군사 법정, 장덕수 살해 공판에 증인으로 출석하라는 소환장을 김구에게 발부.

이승만 박사, 장덕수 살해 사건에 항간에 도는 김구 관련설을 일축.

3월 11일 장덕수 피살 사건에 증인으로 나온 것은 미국 대통령 명의로 불렸기에 국제 예의를 존중하고자 함이며, 자신이 관련된 것처럼 발표한 것은 모략이라고 언명.

3월 12일 김구를 포함한 7인(김규식, 김창숙, 조소앙, 조성환, 조완구, 홍명희), 선거가 가능한 지역에서만의 총선거 불참한다고 공동성명.

장덕수 살해 사건 증인으로 군사 법정 출석하여 증인 심문을 받음.

군사 법정에서 증인 심문이 끝난 후 효창공원 삼의사 묘 참배.

3월 15일 두 번째 증인 심문차 군사 법정에 출두했으나 증인 거부하고 퇴정.

천도교 강당서 개최된 한국독립당 중앙집행위에서 전 민족이 단결하여 남북통일 자주정부 수립을 위해 싸우지 않으면 안 된다고 역설.

3월 16일 경교장을 방문한 민주독립당 대표 홍명희와 요담.

3월 20일 건국실천원양성소 창립 1주년 기념식서 치사.

3월 31일 남북정치회담과 관련하여 김일성, 김두봉과 주고받은 서신의 내용 발표.

4월 2일 경교장을 방문한 김규식, 홍명희, 이극로, 김붕준 4인과 심야까지 남북협상에 관해 논의.

4월 15일 얼마 남지 않은 여생을 조국의 통일독립에 바치려는 것이 북행을 결정한 목적이며, 북행에서 돌아오지 못하는 경우가 있더라도 통일독립을 위해 끝까지 투쟁하였다고 동포에게 전해 주기를 바란다는 결의 표명.

4월 19일 학생들의 북행 만류에 분열이냐, 통일이냐, 자주냐, 예속이냐 하는 이러한 중대한 시기에 민족의 정의와 통일을 위해 남한 삼천만 동포가 억제하여도 자신의 결의대로 가겠다는 비장한 결의를 표명하고 서울을 떠남.

4월 24일 김구를 포함한 남한의 김규식, 조완구, 홍명희가 북한의 김일성, 김두봉 등과 만나 정치 문제에 관한 의견 교환.

4월 26일 김구, 김규식, 김일성, 김두봉 회담.

5월 4일 평양을 출발하여 귀경 도중 황해도 사리원서 점심 식사.

5월 5일 오후 8시 30분 서울 도착한 후 크게 소득이 있다고 말할 것은 없지만 앞으로 남북의 동포는 통일적으로 영구히 살아 나가야 된다는 기초를 든든히 닦아 놓았다고 소감을 밝힘.

5월 20일 한국독립당이 경교장서 주최한 남북협상대표단 환영 행사 참석.

6월 7일 김규식과 공동으로 남북통일국민운동 전개에 관한 성명 발표.

6월 24일 경교장서 가진 기자회견서 단독정부를 수립하려는 노력을 하지 말고 민족의 역량을 집결하여 미소 양군을 철퇴시키고 남북통일의 독립정부를 세우자고 강조.

6월 24~26일 김규식 박사와 함께 여주 신륵사, 석문사 방문.

6월 25일 단국대학 전문부 1회 졸업식 참석.

7월 1일 임시정부 법통의 계승은 통일정부를 수립하여야만 되며 반조각 정부로서는 계승할 근거가 없다는 견해 피력.

7월 4일 오후 2시 경교장서 김규식 박사 등과 남북통일운동기구 설치하는 문제 논의.

8월 2일 노량진 사육신 묘 참배.

8월 14일 정부 수립과 해방 3주년을 맞아 "비분과 실망이 있을 뿐"이라며, 새로운 결심과 용기를 가지고 강력한 통일독립운동을 추진해야겠다는 내용의 담화 발표.

8월 20일 모친(곽낙원), 부인(최준례), 아들(김인)의 유해를 정릉에 안장.

9월 22일 이동녕, 차리석 유해 봉환식(원서동 휘문중학교) 참석.

10월 1일 광주의 전남 삼균학사 개소식에서 남북통일의 평화적 해결 역설.

광주 관음사에서 기자들에게 남북을 통한 절대적인 자유 분위기 속에 전국 총선거를 실시하여 자주민주 통일정부를 수립해야 한다는 소신을 밝힘.

10월 7일 곽낙원 등 묘비 제막식.

10월 13일 동대문 훈련원 부민회장에서 거행된 조성환 사회장 참석.

10월 20일 민정 시찰과 혁명가 유가족 방문을 위해 대구 등 경상북도 지방 순회 방문.

11월 1일 미소의 협조로 양군이 철퇴하면 외세로 인해 분할되었던 한국의 강토와 민족은 단일민족의 자연 상태가 회복될 것이며, 조국의 통일을 위해 반대파와 타협할 만한 열의를 가진 애국적 민주주의 지도자들은 통일정부 수립의 역사적 과업을 실천할 수 있을 것이라는 내용의 담화 발표.

12월 9일 건국실천원양성소 5기 수업 기념.

12월 18일 둘째 아들 김신의 결혼식 참석.

12월 28일 유엔위원단의 내한을 맞아 남북 총선거를 기대한다고 언명.

* 1월 유엔한국임시위원단 입국. 2월 단독선거를 반대하는 2·7투쟁 전개. 4월 제주도에서 4·3사건 발생. 5월 5·10총선거. 제헌국회 개원. 7월 국호를 대한민국으로 결정. 초대 대통령 이승만, 부통령 이시영 피선. 8월 15일 대한민국정부수립 선포. 9월 9일 조선민주주의인민공화국 수립. 10월 여순사건 발발.

1949년(74세)

1월 1일 국제적으로 평등한 입장에서 친선을 촉진하면서 삼천만의 이익을 위해 정치·경제·교육의 균등을 기초로 한 자주독립의 조국을 갖기 원하며, 반쪽의 조국이 아니라 통일된 조국을 원한다는 내용의 연두 담화 발표.

1월 3일 경교장을 방문한 김규식 박사와 40분간 요담.

1월 18일 내수동으로 환갑을 맞은 장형 집 방문.

1월 22일 기자회견에서 유엔위원단에 협력할 의사 있음을 표명.

1월 27일 금호동서 개최된 백범학원 개소식 참석.

2월 1일 유엔위원단의 방한에 대해 "한국 문제에 대해서는 아무리 국제적 원조가 있을지라도 필경 한국 사람의 손으로 하지 아니하면 해결할 수 없다"고 말하고, 서울에서 통일을 위한 남북협상이 있기를 희망한다고 제언.

2월 5일 흉상 제작을 마치고 2층 서재에서 기념사진.

3월 8일 성균관 명륜당에서 개최된 유도교도원 1회 입학식 참석.

3월 14일 마포구 염리동서 개최된 창암학원 개원식 참석.

3월 20일 건국실천원양성소 개소 2주년 기념식 참석.

3월 24일 경교장을 방문한 유엔위원단 인도 대표에게 네루의 아시아 민족 단합 노력에 감사의 뜻 전달. 경교장을 방문한 유엔위원단 시리아 대표와 요담.

4월 15일 건국실천원양성소 7기 수업기념식 참석.

4월 19일 남북협상 1주년을 맞아 "1차 협상을 실패로 규정짓는 것은 조급한 생각"이라고 말하고 남북의 통일을 위한 협상은 반드시 있을 것이라고 언급. 군산 도착.

4월 20일 군산공설운동장서 시국대강연회 개최.

4월 21일 한국독립당 군산 지부가 주최한 건국실천원 단기 양성 강좌 개강식 참석. 전남 한국독립당 군산 당부·옥구군 당부결성대회 참석.

4월 22일 전주 도착 후 전주 기자들과의 회견에서 3차 대전은 발생하지 않을 것이며, 3~4개월 내에 미군은 철수할 것으로 믿는다고 언급.

4월 26일 총재 취임 기념으로 남산 석호정 방문.

4월 27일 경교장에서 가진 기자와의 회견에서 한미군사협정이 독립국가의 주권을 침해하지 않고 내전을 목적으로 하지 않는다는 두 가지 조건이 충족되면 반대하지 않겠다고 언명.

4월 29일 예산에서 거행된 윤봉길 의사 제막식 참석.

5월 15일 건국대학교 전신 조선정치학관 개관 3주년 기념식에 참석하여 축사.

5월 17일 김구가 희사한 돈(25만 원)으로 세운 창암공민학교 개교.

5월 31일 유엔위원단과의 협의에서 평화통일의 문호를 열기 위해 우선 남북 민간지도자회담 혹은 정당사회단체대표회의를 개최해서, 통일을 실현하기 위한 가능한 방법을 협의해 보는 것이 좋겠다고 제안.

6월 4일 성균관 대성전서 거행된 유도교도원 1회 졸업식 참석.

6월 5일 건국실천원양성소 8기 수업 기념식 참석.

6월 9일 행주산성 방문.

6월 14일 한국독립당 제7회 전국대표대회, 삼의사 묘 참배.

6월 19일 봉원사 방문.

6월 22일 성균관대학 전문부 2회 졸업식 참석 후, 경교장을 방문한 성균관 2회 졸업생과 기념사진 촬영.

6월 26일 경교장에서 안두희의 저격으로 절명.

* 1월 미국, 대한민국을 승인. 반민특위 발족. 5월 국회 프락치 사건. 6월 농지개혁법 공포.

1962년(서거 13주년)

3월 1일 대한민국건국공로훈장 중장重章에 추서.

1969년(서거 20주년)

8월 23일 남산에 백범 김구 동상을 세움.

1999년(서거 50주년)

4월 9일 어머니 곽낙원 여사와 장남 김인, 국립대전현충원 애국지사 제2묘역으로 이장.

4월 12일 부인 최준례 여사, 효창공원으로 이장.

6월 26일 서거 50주년 추도식.

2002년(서거 53주년)

10월 22일 서울 용산구 효창동에 백범김구기념관 준공.

2016년(서거 67주년)

공군 참모총장 역임한 차남 김신, 5월 21일 공군장으로 국립대전현충원 장군 제2묘역에 안장.

참고 문헌

김주용

국사편찬위원회, 『대한민국임시정부자료집』(10 한국광복군1), 2006.

긴꽝제, 『헌국꾕복군』, 독립기념관, 2007.

김구, 도진순 주해, 『백범일지』, 돌베개, 2002.

김영신 · 김주용, 『창사 이야기』, 독립기념관, 2016.

김자동, 『임시정부의 품 안에서』, 푸른역사, 2014.

김준엽, 『장정』2, 나남, 2003.

김희곤, 『대한민국임시정부연구』, 지식산업사, 2004.

독립기념관, 『독립운동의 발자취를 찾아서』(중국 남부), 2006.

독립기념관 한국독립운동사연구소, 『국외항일운동유적(지) 실태조사 보고서』, 2002.

양우조 · 최선화, 김현주 정리, 『제시의 일기』, 혜윰, 1999.

윤병석, 『한국독립운동의 해외사적 탐방기』, 지식산업사, 1994.

장준하, 『돌베개』, 청한문화사, 1989.

정정화, 『장강일기』, 학민사, 1998.

조동걸, 『독립군의 길따라 대륙을 가다』, 지식산업사, 1995.

한시준, 『한국광복군연구』, 일조각, 1993.

심지연

강정애, 『광저우 이야기』, 수류산방, 2010.

곽수근, 「잊혀진 황포군관학교」, 『조선일보』, 2013년 8월 17일 자.

김구, 도진순 주해, 『백범일지』, 돌베개, 2002.

김성동, 「독립운동가 김근제와 안태」, 『월간조선』, 2014년 8월호.

김자동, 『임시정부의 품 안에서』, 푸른역사, 2014.

김철수, 「불멸의 발자취- 황포군관학교 조선혁명가들」, 『길림신문』, 2011년 8월 10일 자.

부덕민, 『백절불굴의 김구』, 사단법인 백범김구선생기념사업협회, 2010.

오효진, 「영원한 광복군 안춘생」, 『월간조선』, 1986년 10월호.

양우조·최선화, 김현주 정리, 『제시의 일기』, 혜윰, 1999.

정정화, 『장강일기』, 학민사, 2011.

주시안대한민국총영사관, 『한국-섬서성 교류사』

주시안대한민국총영사관, 『한국-섬서성 교류역사 사진집』

한시준, 「한국광복군의 창설 배경」, 『동양학』22, 단국대학교 동양학연구소, 1992.

中共廣西柳州市委員會宣傳部(編), 『大韓民國臨時政府在柳州』, 廣西人民出版社

은정태

강영심, 『시대를 앞서간 민족혁명의 선각자, 신규식』, 역사공간, 2010.

구춘도·김성찬, 「중국에서의 태평천국사 연구의 여정(1)-탄생, 발전, 곡절과 후퇴(20세기 초~1976년)」, 『역사와 경계』89, 2013.

구춘도·김성찬, 「중국에서의 태평천국사 연구의 여정(2)-성숙과 수확의 시기(1976~1999 년)」, 『역사와 경계』90, 2014.

김광재, 「조선의용군과 한국광복군의 비교연구」, 『사학연구』84, 2006.

김광재, 『한국광복군』(한국독립운동의 역사 52), 한국독립운동사편찬위원회, 2007.

김귀옥, 「식민적 디아스포라와 저항하는 여성 – 이은숙과 정정화를 중심으로」, 『통일인 문학』62, 2015.

김성은, 「대한민국 임시정부와 여성들의 독립운동: 1932~1945」, 『역사와 경계』68, 2008.

김성찬, 「신세기 초두(2000~2012년) 중국 태평천국사학계의 고뇌와 실험적 도전」, 『중국 근현대사연구』55, 2012.

김자동, 『임시정부의 품 안에서』, 푸른역사, 2012.

김정현, 「제1·2차 국공합작기의 한·중 연대활동-황포군관학교 인맥을 중심으로」, 『역사 학연구』60, 2015.

김주용, 「중경 한국광복군 총사령부 건물 소재지에 관한 고찰」, 『한국독립운동사연구』43, 2012.

김주용, 「중국 광저우 대한민국임시정부 청사 '동산백원' 위치 비정」, 『숭실사학』39, 2017.

김항수, 「유주와 대한민국임시정부 : 임시정부 유적지의 현황과 실태」, 『한국민족운동사 연구』, 2014.

김호일, 「항일무장투쟁에서의 한국광복군의 위상」, 『중앙사론』 24, 2006.

김희곤, 「신규식의 대한민국 임시정부 외교활동」, 『중원문화연구』 13, 2010.

김희곤, 『임시정부 시기의 대한민국 연구』, 지식산업사, 2015.

독립기념관 한국독립운동사연구소, 『중국 광저우 대한민국임시정부 청사 고증 조사 보고서』, 2016.

독립기념관, 『(국외독립운동사적지) 실태조사보고서』 8, 국가보훈처, 독립기념관, 2008.

박걸순, 「중국 내 대한민국 임시정부 기념관 건립 경과와 현황」, 『한국독립운동사연구』 54, 2016.

배경한, 「손문과 상해한국임시정부 – 신규식의 광주방문(1921년9~11월)과 호법정부의 임시정부 승인문제」, 『동양사학연구』 56, 1996.

배경한, 「손문의 '대아시아주의'와 한국」, 『역사와 경계』 30, 1996.

신승하, 「1920년대 중국의 정치와 군벌 – 10년대 말과 20년대 초를 중심으로」, 『중국연구』, 1980.

양우조·최선화, 김현주 정리, 『제시의 일기』, 혜윰, 1999.

유하·우림걸, 「중국망명시기 신규식의 중국인식」, 『한국학연구』 43, 2016.

이동언, 「김성숙의 생애와 독립운동」, 『대각사상』 16, 2011.

이석형, 「유종원 유주시기 시 연구」, 『외국학연구』 18, 2011.

이재호, 「김붕준의 중국에서 독립운동」, 『안동사학』 13, 2009.

이재호, 「대한민국 임시정부의 호법정부와의 외교관계 검토」, 『한국독립운동사연구』 52, 2015.

장화, 「일제침략기 한국인의 중국 군관학교 교육과 그 의의」, 『통일인문학』 54, 2012.

정정화, 『장강일기』, 학민사, 1998.

조은경, 「1930년대 중국 광주지역 한인 독립운동세력의 형성과 변천」, 『한국민족운동사연구』 81, 2014.

지복영·이준식 정리, 『민들레의 비상』, 민족문제연구소, 2015.

한상도, 「나월환의 독립운동 역정과 피살 사건의 파장」, 『한국독립운동사연구』 50, 2015.

한상도, 『대한민국임시정부 II – 장정시기』(한국독립운동의 역사 24), 독립기념관 한국독립운동사연구소, 2005.

한상도, 『중국혁명 속의 한국독립운동』, 집문당, 2004.

한시준, 「대한민국 임시정부가 광주에 머문 자료와 기록」, 『사학지』 55, 2017.

한시준, 「대한민국 임시정부와 중국 광주의 관계」, 『한국독립운동사연구』45, 2013.
한시준, 『대한민국임시정부Ⅲ-중경시기』(한국독립운동의 역사 25), 한국독립운동사편찬위원회, 2009.
한시준, 「신흥무관학교 이후 독립군 군사간부 양성」, 『백산학보』100, 2014.
한시준, 「한국광복군의 창설 배경」, 『동양학』22, 1992.

이신철

양우조·최선화, 『제시의 일기』, 2019.
이재호, 「대한민국 임시정부의 호법정부와의 외교관계 검토」, 『한국독립운동사연구』52, 2015.12.
정정화, 『장강일기』, 학민사, 1998.
정찬주, 『조선에서 온 붉은 승려』, 김영사, 2013.
조은경, 「해방후 중국 광동성 광주지역 한인사회와 귀환」, 『한국근현대사연구』66, 2013.9.
최용수, 「김산(장지락) 연보 2005년 증보판」, 『황해문화』49, 2005.12.
한시준, 「대한민국 임시정부와 중국 광주의 관계」, 『한국독립운동사연구』45, 2013.8.

기획 (사)백범김구선생기념사업협회

(사)백범김구선생기념사업협회는 1949년 6월 26일 백범 김구 선생이 서거한 후 조직된 '고 백범 김구선생국민장위원회'의 위원장 오세창, 부위원장 김규식, 조완구, 이범석, 김창숙, 조소앙, 최동오, 명제세 등의 위원을 중심으로 1949년 8월 6일에 창립한 협회이다. 오직 조국과 민족을 위했던 백범 김구 선생의 뜻을 이어 가기 위해 전시와 교육, 역사 자료 수집과 편찬 등 의미 있는 기획을 통해 대중들과 만나고 있다.

백범의 길 – 임시정부의 중국 노정을 밟다 下

1판 1쇄 인쇄 2019년 6월 12일
1판 1쇄 발행 2019년 6월 26일

기 획 (사)백범김구선생기념사업협회
집 필 김주용 리쳰즈 심지연 은정태 이신철 푸더민
펴낸이 김영곤
펴낸곳 아르테

책임편집 전민지 인문교양팀 장미희 박병익 김지은 김은솔 디자인 어나더페이퍼 교정교열 이지현
미디어사업본부 본부장 신우섭 영업 권장규 오서영 마케팅 김한성 황은혜 제작 이영민 권경민

출판등록 2000년 5월 6일 제406-2003-061호
주소 (10881) 경기도 파주시 회동길 201 (문발동)
대표전화 031-955-2100 팩스 031-955-2151 이메일 book21@book21.co.kr

ISBN 978-89-509-7582-1 04980
ISBN 978-89-509-7580-7 (세트)
아르테는 (주)북이십일의 문학·교양 브랜드입니다.

(주)북이십일 경계를 허무는 콘텐츠 리더

아르테 채널에서 도서 정보와 다양한 영상자료, 이벤트를 만나세요!
방학 없는 어른이를 위한 오디오클립 〈역사탐구생활〉
페이스북 facebook.com/21arte 블로그 arte.kro.kr
인스타그램 instagram.com/21_arte 홈페이지 arte.book21.com

· 책값은 뒤표지에 있습니다.
· 이 책 내용의 일부 또는 전부를 재사용하려면 반드시 (주)북이십일의 동의를 얻어야 합니다.
· 잘못 만들어진 책은 구입하신 서점에서 교환해 드립니다.